Karin Willeck • Alternative Medizin im Test

Springer-Verlag Berlin Heidelberg GmbH

Karin Willeck

Alternative Medizin im Test

Das Buch zum
SWR»-Wissenschaftsmagazin „SONDE“

Springer

Karin Willeck
Dipl.-Biologin / Journalistin
Höhenstraße 4
64342 Seeheim-Jugenheim

ISBN 978-3-540-65174-1 Springer-Verlag Berlin, Heidelberg, New York

Die Deutsche Bibliothek - CIP-Einheitsaufnahme
Alternative Medizin im Test: das Buch zum SWR-Wissenschaftsmagazin „Sonde“ / Hrsg.: Redaktion des Wissenschaftsmagazins „Sonde“ (SWR). Red. Willeck, Karin. 1. Aufl. - Berlin; Heidelberg; New York; Barcelona; Hongkong; London; Mailand; Paris; Singapur; Tokio: Springer 1999

ISBN 978-3-540-65174-1 ISBN 978-3-642-60037-1 (eBook)
DOI 10.1007/978-3-642-60037-1

Konzeption: M. Lempe, Heidelberg
Umschlaggestaltung: E. Kirchner, Heidelberg
Herstellung: S. Pauli, Heidelberg

SPIN: 10691714 VA 22 - 5 4 3 2 1 0 gedruckt auf säurefreiem Papier

Vorwort

Der Markt der alternativen Heilmethoden boomt, doch die gesetzlichen Krankenkassen erstatten die Kosten für diese Verfahren nur noch in seltenen Ausnahmefällen. Die Patienten müssen die sogenannte „sanfte Medizin“ also aus eigener Tasche bezahlen.

Vor diesem Hintergrund schien es uns (sechs Journalisten aus der SWR-Wissenschaftsredaktion Sonde) wichtig, die Zuschauer ausführlich über den wissenschaftlichen Hintergrund und die Qualität der verschiedenen Methoden zu informieren.

Wir entwickelten eine Reihe, die alternative Heilverfahren in jeweils vier Kapiteln vorstellen sollte:

Methode
Wissenschaftlicher Nachweis
Niveau der Ausbildung
Risiken und Gegenanzeigen

Ein Team von sechs Experten bewertete die alternativen Heilmethoden für das Wissenschaftsmagazin Sonde in diesen vier Kategorien. Die Grundlage für diesen Test bildete ein Fragebogen, den Sie im Anhang dieses Buches abgedruckt finden. Dort können Sie auch nachlesen, welche Wissenschaftler zum Expertengremium gehören.

Die Reihe wurde in mehreren Fernsehprogrammen gesendet: im Wissenschaftsmagazin Sonde (SWR), im ARD-Buffet und in Service Gesundheit (HR). Dieses Buch orientiert sich am Aufbau der Fernsehreihe.

In diesem Ratgeber sind 21 Methoden zusammengestellt, die die Sonde-Experten beurteilt haben. Es enthält die Rechercheergebnisse der Kollegen/Innen, die die jeweiligen Filmbeiträge bearbeitet und umgesetzt haben. Außerdem finden Sie darin einen ausführlichen Adressenteil und Tips für den Umgang mit der Krankenkasse.

Viele motivierte Kollegen haben zu der Filmreihe und zu diesem Buch beigetragen. Ihre Namen sind ebenfalls im Anhang genannt.

Inhaltsverzeichnis

1

Klassische Naturheilverfahren

1.1 Wickel und Packungen

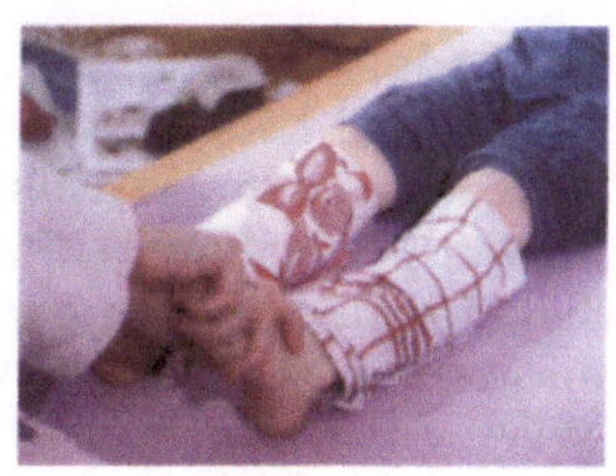

EINFÜHRUNG

Wasser hat Heilkraft - das wußten schon die Ärzte in der Antike. Doch das Wissen darum ging im Mittelalter wieder verloren. Erst im 18. Jahrhundert erlebte die „Wassermedizin" eine neue Blüte. Der Landwirt Vinzenz Prießnitz hat wesentlich dazu beigetragen, daß Wasseranwendungen wieder in Mode kamen, doch den eigentlich Durchbruch verdanken sie Sebastian Kneipp. Er hatte sich als junger Theologiestudent beim Lernen überanstrengt und litt unter einer Lungenerkrankung. Im Garten seines Münchner Priesterseminars behandelte er sich selbst mit kalten Güssen aus einer Gießkanne und wurde wieder gesund.
Kneipp entwickelte sein eigenes Behandlungskonzept und gründete 1880 die erste eigene Badeanstalt in Bad Wörishofen. Er hatte erkannt, daß sich Wasser besonders gut eignet, um Wärme und Kälte auf den Körper zu übertragen. Diese Reize stimulieren den ganzen Organismus. Die Patienten werden nicht nur mit fließendem Wasser behandelt, sie werden auch in feuchte Tücher eingepackt. Manchmal wird Lehm als Trägermasse verwendet. Auf diesem Weg können Wärme und Kälte besser auf den Körper einwirken.

Anwendungsgebiete

Kalte Wickel und Packungen helfen bei Verletzungen wie Prellungen oder Verstauchungen und bei akuten Kreuzschmerzen. Kälte stärkt außerdem die Abwehrkräfte. Wärme hilft bei Rheuma, Arthrose und bei Bronchitis. Außerdem entspannen sich unter Wärmeanwendungen die Muskulatur und die Nerven.

Methode

Wärme und Kälte wirken unterschiedlich auf den Körper. Warme Anwendungen sorgen dafür, daß sich die Blutgefäße weiten. Der Körper wird besser durchblutet, und die Muskulatur entspannt sich. Durch diese Entspannung lastet weniger Druck auf den Nervenbahnen, die die Schmerzen weiterleiten. Zusätzlich werden wärmeempfindliche Nervenenden stimuliert, die in der Haut liegen. Sie melden die Wärmereize an das Schmerzzentrum im Gehirn und führen dazu, daß das Schmerzempfinden gedämpft wird.

Kalte Anwendungen sorgen für eine Verengung der Blutgefäße. Die Muskulatur spannt sich kurz an, dann entspannt sie sich wieder. Kälte läßt Schmerzen verschwinden, weil der Kältereiz das Gehirn vor dem Schmerzreiz erreicht.

Wissenschaftlicher Nachweis

Die Erfolge der „Wasserärzte" des 18. Jahrhunderts und die positiven Ergebnisse in der klinischen Anwendung sprechen für sich.

Eine Studie in Bad Wörishofen, dem Wirkungsort von Pfarrer Kneipp, untersuchte die Wirkung von milden Kaltreizen auf die Venenfunktion. Bei Venenschwäche ist der Durchmesser der Vene vergrößert. Dadurch wird das Blut dickflüssiger. Die Gefahr, eine Thrombose zu bekommen, steigt an, weil die Blutplättchen leichter verklumpen können.

In der Studie wurde die schwache Vene mit einem Lehmwickel behandelt. Durch den Kältereiz verringerte sich ihre Ausdehnung meßbar. Der Zustand der Venenwand verbesserte sich, das Blut wurde wieder dünnflüssiger.

Niveau der Ausbildung

Vor allem Physiotherapeuten wenden Wickel und Packungen an. Sie können die Anwendung in traditionsreichen Ausbildungsstätten wie z. B. der Kneipp-Schule in Bad Wörishofen lernen. Die Ausbildung zum Kneipp- und Kurbademeister dauert an dieser Schule ein Jahr. Der Zentralverband der Physiotherapeuten ist gerade dabei, die Qualität der Ausbildung zu standardisieren.

Für Ärzte, die sich zum „Arzt für Naturheilverfahren" qualifizieren wollen, gehört die Anwendung von Wickel und Packungen zum offiziellen Weiterbildungsprogramm. Die Mediziner müssen an 160 Unterrichtsstunden teilnehmen und ein Praktikum absolvieren, das 12 Wochen dauert.

Risiken und Gegenanzeigen

Wickel und Packungen kann man gut an sich selbst anwenden. Es gibt nur wenige Nebenwirkungen. Bei starker Hitze oder Kälte kann es zu lokalen Verbrennungen oder Erfrierungen kommen. Anwendungen bei extremen Temperaturen sollten deshalb nur unter ärztlicher Aufsicht vorgenommen werden. Menschen mit einem schwachen Kreislauf sollten sich nicht zuviel zumuten.

Kosten

Die Kosten variieren stark. Eine Anwendung an sich selbst ist – abgesehen von den Materialkosten – praktisch kostenlos, eine Kur dagegen recht kostenintensiv. Eine Behandlung beim Physiotherapeuten kostet zwischen 10 und 50 DM, bei einer Kneipp-Kur sind 700 bis 800 DM pro Woche zu veranschlagen. In der Regel zahlen die Krankenkassen.

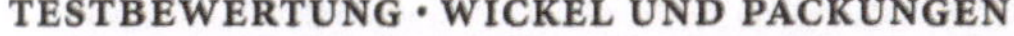

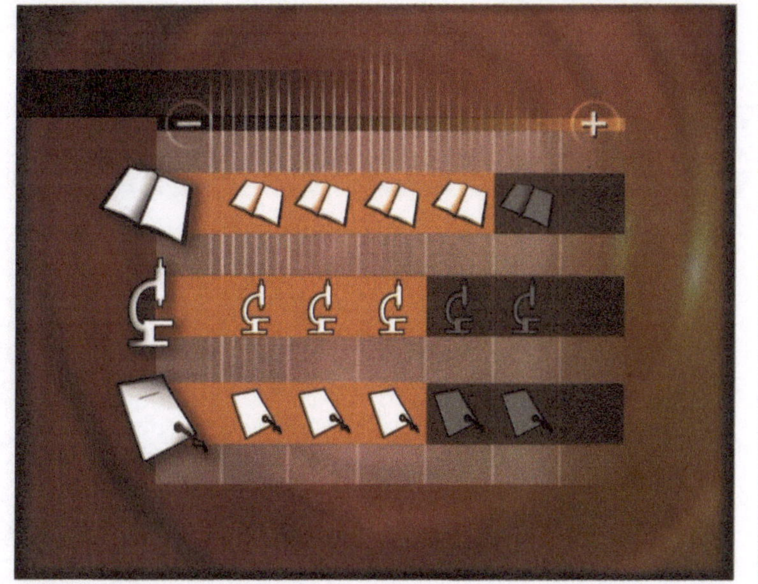

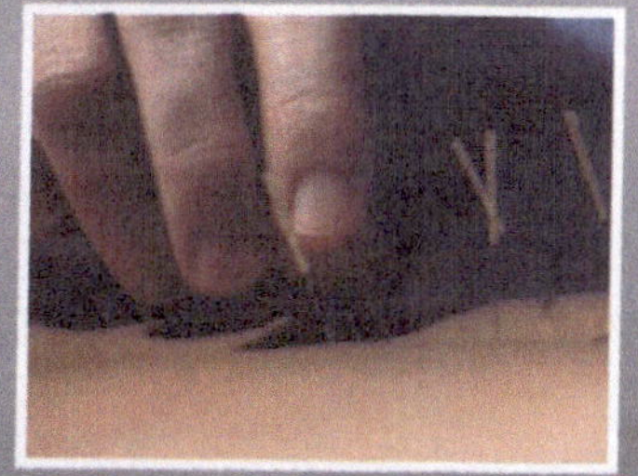

2

Sanfte Heilsysteme

2.1 Akupunktur

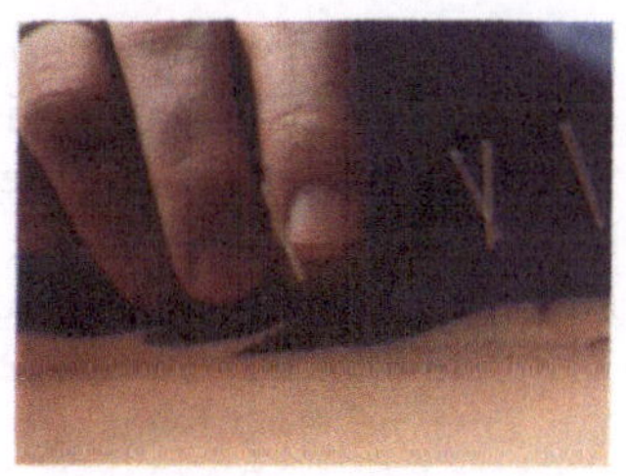

EINFÜHRUNG

Die Akupunktur ist ein Teilgebiet der chinesischen Medizin mit einer Tradition von mehreren tausend Jahren. Ihren Durchbruch erlebte sie Anfang der 60er Jahre. Während der Kulturrevolution besannen sich die Chinesen wieder auf traditionelle Werte, die Akupunktur erfuhr dabei einen neuen Aufschwung.
In Europa wurde diese Heilmethode erstmals im 17. Jahrhundert angewendet, sie konnte sich zu diesem Zeitpunkt aber noch nicht etablieren. Erst Anfang der 70er Jahre drang die Akupunktur in den Bereich der westlichen Erfahrungsmedizin und der Wissenschaft vor. Seit 1975 wird die Erforschung dieser Heilmethode von der Weltgesundheitsorganisation gefördert.

Anwendungsgebiete

Akupunktur wird empfohlen zur Behandlung von akuten und chronischen Schmerzen, wie Kopfschmerzen, Migräne, Rückenbeschwerden, Hals- und Schultersymptomen. Einige Ärzte setzen die Akupunktur auch bei Allergien ein.

Methode

Die Chinesen gehen davon aus, daß der menschliche Körper von 14 Linien durchzogen ist. Diese sogenannten Meridiane leiten den Strom der Lebensenergie und stehen mit den inneren Organen und deren Funktion in Verbindung.

Auf diesen Meridianen befinden sich mehr als 360 Akupunkturpunkte, auf denen die Nadeln unterschiedlich tief in das Körpergewebe gestochen werden.

Nach traditioneller chinesischer Vorstellung beruht Krankheit auf einer Störung im harmonischen Fluß der Lebensenergie Qi. Jede Behandlung zielt darauf, diese Energien wieder ins Gleichgewicht zu bringen. Die Lebensenergie in den Meridianen und Organsystemen kann zu stark, zu schwach oder blockiert sein.

Bei zu schwacher Lebensenergie sprechen die Chinesen von einem Yin-Zustand. Er äußerst sich in Blässe, kalten Händen und Füßen, Frieren, niedrigem Blutdruck, Müdigkeit, Antriebslosigkeit bis hin zur Depression.

Ein Übermaß an Lebensenergie drückt sich im Yang-Zustand aus. Die Symptome sind Hitzewallungen, hoher Blutdruck, Rötung, akuter stechender Schmerz, innere Unruhe, Nervosität und Rastlosigkeit.

Wissenschaftlicher Nachweis

Seit die Akupunktur 1970 Einzug in die westliche Medizin gehalten hat, sind unzählige Forschungsarbeiten zum Thema erschienen.

1996 begann an der Albert-Ludwigs-Universität in Freiburg die bis dahin umfangreichste Feldstudie. Die Studie ist auf 5 Jahre angelegt und berücksichtigt die Daten von 2000 Patienten. Ende 1997 lag bereits ein Zwischenergebnis vor: 84,1% der Patienten hatten nach Abschluß der Akupunkturbehandlung innerhalb eines Jahres keine Schmerzen mehr oder sehr viel weniger Schmerzen als vor der Behandlung.

Die Existenz der Meridiane konnte bisher nicht bestätigt werden. Doch die Akupunkturpunkte weisen einen Hautwiderstand auf, der um 90-95% geringer ist als der ihrer Umgebung. Dadurch sind die Akupunkturpunkte genau zu lokalisieren.

Inzwischen gibt es auch eine allgemein akzeptierte Erklärung für die schmerzlindernde Wirkung der Akupunktur: Schmerzen werden als elektrische Signale über Nervenfasern zum Hinterhornneuron geleitet, einer wichtigen Schaltstelle im Rückenmark. Von dort aus gelangt der Reiz zum Großhirn. Erst hier wird der Schmerz wahrgenommen.

Die Akupunktur veranlaßt das Hinterhornneuron, dämpfende Botenstoffe auszuschütten. Diese Botenstoffe sorgen dafür, daß die Schmerzsignale wirkungslos verpuffen, denn sie werden nun nicht mehr an das Großhirn weitergeleitet.

Niveau der Ausbildung

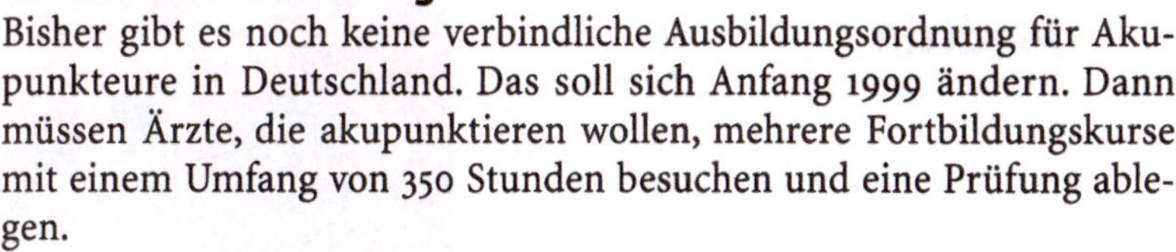

Bisher gibt es noch keine verbindliche Ausbildungsordnung für Akupunkteure in Deutschland. Das soll sich Anfang 1999 ändern. Dann müssen Ärzte, die akupunktieren wollen, mehrere Fortbildungskurse mit einem Umfang von 350 Stunden besuchen und eine Prüfung ablegen.

Risiken und Gegenanzeigen

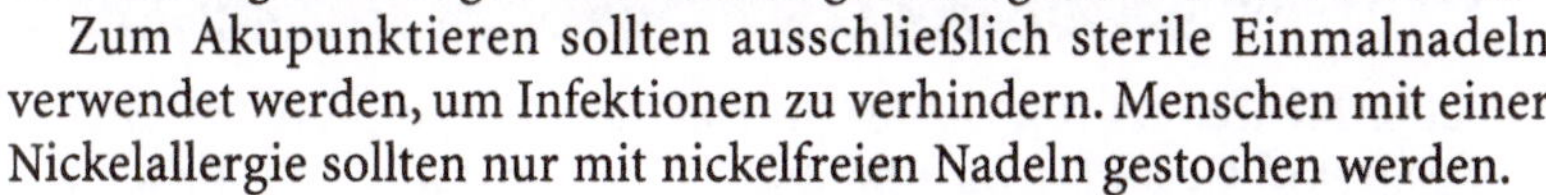

Bei sachgemäßer Anwendung sind die Gefahren gering. Menschen mit einem schwachen Kreislauf sollten darauf achten, daß sie bei der Behandlung flach liegen und danach ganz langsam wieder aufstehen.

Zum Akupunktieren sollten ausschließlich sterile Einmalnadeln verwendet werden, um Infektionen zu verhindern. Menschen mit einer Nickelallergie sollten nur mit nickelfreien Nadeln gestochen werden.

Kosten

Eine Akupunktursitzung kostet zwischen 70 und 90 DM. Die Krankenkassen beteiligen sich in Ausnahmefällen.

TESTBEWERTUNG · AKUPUNKTUR

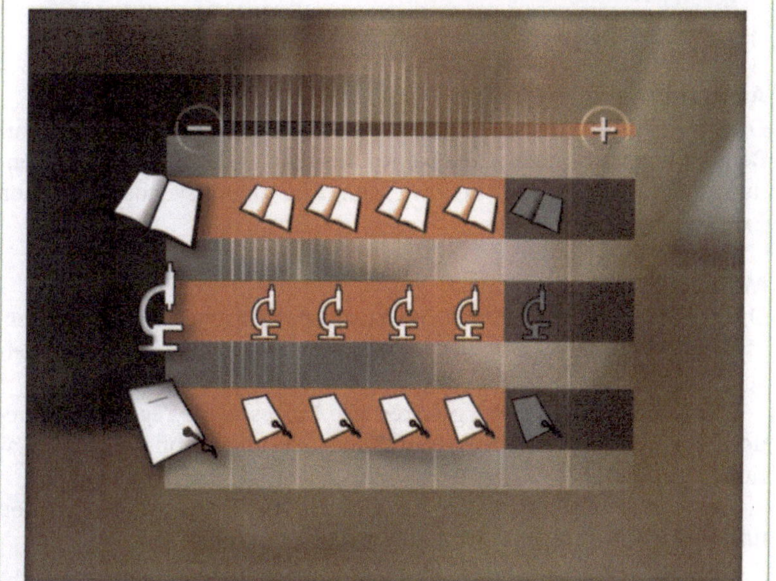

2.2 Anthroposophische Medizin

EINFÜHRUNG

Jeder Mensch ist von Geburt an nicht nur Körper, sondern auch Seele und Geist. Davon war Rudolf Steiner überzeugt. Er lebte Anfang dieses Jahrhunderts und ist der geistige Vater des anthroposophischen Weltbildes und der anthroposophischen Medizin. Die anthroposophische Medizin gründet auf den Prinzipien der Schulmedizin. Sie erweitert sie jedoch um die geistige Komponente. Die Arzneimittel werden nach anthroposophischen Prinzipien zubereitet und überwiegend homöopathisch verdünnt eingesetzt.

Anwendungsgebiete

Die anthroposophische Medizin wird besonders empfohlen zur Behandlung von Krankheiten bei Kindern, sie findet aber auch Anwendung bei Herz-Kreislauf-Beschwerden, Allergien, psychosomatischen Erkrankungen und Krebs.

Methode

Die Anthroposophen glauben, daß zu jedem Menschen 4 Teile gehören.

Zum „physischen Leib" zählen sie alle meßbaren Werte wie zum Beispiel das Gewicht.

Zum „ätherischen Leib" gehören alle Prozesse, die regelmäßig wiederkehren wie der Tag-Nacht-Rhythmus oder die weibliche Menstruation.

Der „Astralleib" beschreibt die Gefühlswelt. Dazu gehören Lachen und Weinen, Freude und Schmerz.

Diese 3 Teile ordnet und organisiert der vierte Teil, das „Ich". Er steht für Selbstbewußtsein und ist dafür verantwortlich, daß sich der Mensch in seiner Persönlichkeit ausdrücken kann.

Die Anthroposophen glauben, daß ein Mensch krank wird, wenn das „Ich" die 4 Teile nicht mehr im Gleichgewicht halten kann. Deshalb sind alle Methoden in der anthroposophischen Medizin darauf ausgerichtet, dieses Gleichgewicht wieder herzustellen. Dies geschieht durch Medikamente oder die sogenannten künstlerischen Therapien. Zu diesen künstlerischen Therapien zählen z. B. die Maltherapie, die Musiktherapie oder die Heileurhythmie.

Wissenschaftlicher Nachweis

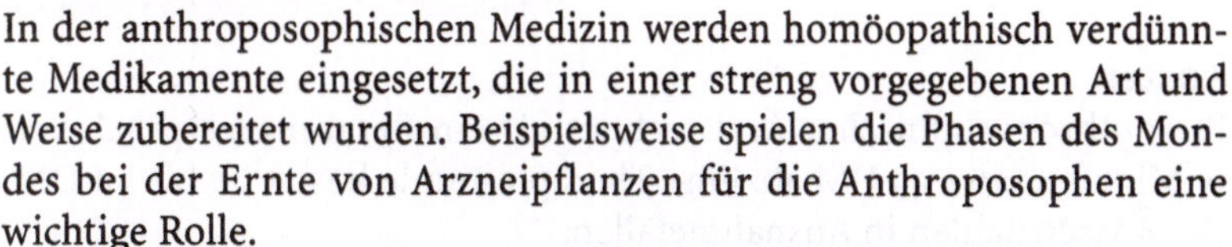

In der anthroposophischen Medizin werden homöopathisch verdünnte Medikamente eingesetzt, die in einer streng vorgegebenen Art und Weise zubereitet wurden. Beispielsweise spielen die Phasen des Mondes bei der Ernte von Arzneipflanzen für die Anthroposophen eine wichtige Rolle.

Eine besondere Bedeutung haben Präparate aus Viscum album, dem Mistelstrauch. Seit Hunderten von Jahren experimentieren Ärzte und Heiler mit dem Saft dieser ungewöhnlichen Pflanze. Ihre positive Wirkung auf das Immunsystem ist so auffällig, daß sich inzwischen auch viele Forscher außerhalb der anthroposophischen Tradition dafür interessieren.

Inzwischen gilt als sicher: Es ist vor allem das Eiweiß Mistellektin, das für die stärkende Wirkung auf das Immunsystem verantwortlich ist. Während einige Wissenschaftler mit dem isolierten Eiweiß experimentieren, steht für die Anthroposophen fest, daß nur der komplette Mistelextrakt die volle Wirkung entfalten kann.

Mistelpräparate stärken die Immunabwehr, wie im Tierversuch nachgewiesen werden konnte. Ob sie das Wachstum von Krebszellen hemmen, ist sehr umstritten. Viele Krebspatienten geben aber an, sie fühlten sich sehr viel wohler, nachdem sie mit Mistelpräparaten behandelt wurden.

Zur Wirksamkeit der künstlerischen Therapien gibt es keine Untersuchungen.

Das Bundesforschungsministerium fördert aber mehrere Studien über anthroposophische Medizin. Mit den Ergebnissen ist um die Jahrtausendwende zu rechnen.

Niveau der Ausbildung

Die anthroposophische Medizin basiert auf den Grundlagen der Schulmedizin. Für die Weiterbildung gibt es klare Richtlinien. Alle Ärzte müssen nach ihrem Medizinstudium 2 Jahre lang Seminare besuchen, dann dürfen sie sich „Arzt für Anthroposophische Medizin" nennen.

Risiken und Gegenanzeigen

Keine Risiken sehen unsere Experten in den künstlerischen Therapien.

Bei der Dosierung der Mistelpräparate ist allerdings Vorsicht geboten, denn dieses Mittel kann schädlich wirken, wenn zuviel davon gespritzt wird. Die Präparate sollten nur von erfahrenen Ärzten verordnet werden.

Kosten

Ein anthroposophischer Arzt rechnet für ein Beratungsgespräch von 15 Minuten etwa 45 DM ab. Eine Therapiestunde kostet 60 bis 90 DM. Die Kassen zahlen in Ausnahmefällen.

TESTBEWERTUNG • ANTHROPOSOPHISCHE MEDIZIN

2.3 Homöopathie

EINFÜHRUNG

Das Wort Homöopathie setzt sich aus den griechischen Begriffen „Homoion“ (ähnlich) und „Pathos“ (Leiden) zusammen und bedeutet, wörtlich übersetzt, „ähnliches Leiden“.
Die Homöopathie ist untrennbar mit Samuel Hahnemann verbunden. Er wurde 1755 in Meissen geboren und starb, hochbetagt, in Paris. Als junger Mann studierte Hahnemann Medizin und Arzneimittelkunde. Da er wenig Geld hatte, übersetzte er nebenher wissenschaftliche Bücher. 1789 war es die Arzneimittellehre *Materia medica* des Engländers Cullens. Bei dem Kapitel über Chinarinde bekam er solche Zweifel an der geschilderten Wirkung, daß er das Mittel selbst einnahm, um die Symptome am eigenen Leib zu studieren. Obwohl Hahnemann zu diesem Zeitpunkt gesund war, löste die Chinarinde bei ihm ein malariaähnliches Fieber aus. Hahnemann schloß daraus, daß Chinarinde Malaria zu heilen vermag. Dieser erste Selbstversuch bildete schließlich die Grundlage seiner Lehre.
Den Ähnlichkeitsgedanken hatte er in Schriften von Hippokrates und Paracelsus gelesen, die Krankheitssymptome einer Malaria kannte er aus eigener leidvoller Erfahrung. Seine eigentliche Leistung bestand darin, daß er beides miteinander in Verbindung brachte und den Satz „Similia similibus curentur“ (Ähnliches möge Ähnliches heilen) prägte.
Auf dieser Grundlage führte er unzählige weitere Arzneimittelprüfungen durch, die er in seinem Lebenswerk, dem Organon, niederschrieb.

Anwendungsgebiete

Die Homöopathie hat sich bewährt bei Krankheiten, die der Selbstregulation des Organismus zugänglich sind, wie psychosomatischen Erkrankungen, psychischen Erkrankungen, Infektionskrankheiten, chronisch entzündlichen Erkrankungen und diffusen Krankheitsbildern.

Methode

Für Samuel Hahnemann war ein kranker Mensch nicht krank, sondern nur „aus dem Gleichgewicht" geraten. Da nach seiner Vorstellung ein Krankheitsbild in einem Körper nicht zweimal existieren kann, reizen die ähnlichen Symptome, die homöopathische Arzneimittel hervorrufen, den Körper zu einem erneuten Angriff gegen die Krankheit. Das aktiviert die Selbstheilungskräfte und der Patient wird wieder gesund.

Hahnemann hinterließ nicht nur ganze Nachschlagewerke mit Hinweisen, welche Mittel bei welchen Krankheiten einzusetzen sind, er gab auch sehr genaue Anweisungen, wie diese Mittel zuzubereiten sind. Dies geschieht auch heute noch nach dem gleichen Prinzip wie vor 200 Jahren.

Zerkleinerte Pflanzenteile werden mit Alkohol versetzt und unter Druck ausgepreßt. Den Preßsaft bezeichnet man als Urtinktur. Diese Urtinktur wird nie in reiner Form angewendet, sie wird verdünnt. Hahnemann sprach vom „Potenzieren". Dazu wird ein Teil aus der Urtinktur mit 9 Teilen Wasser vermischt. Diese Verdünnungsstufe heißt D1. Jede Verdünnungsstufe wird zehnmal auf ein Lederkissen geklopft. Nach Vorstellung der Homöopathen soll der enthaltene Wirkstoff seine Energie während dieses Prozesses an das Lösungsmittel Wasser abgeben. Wird das gleiche Verfahren noch einmal wiederholt, erhält man die Verdünnungsstufe D2 mit einem Hundertstel der Urtinktur. In der Homöopathie sind Verdünnungsstufen bis D1000 keine Seltenheit. Am gebräuchlichsten sind die Stufen D6 und D12. In homöopathischen Arzneien ab Stufe D23 ist, rein chemisch gesehen, kein Molekül der Urtinktur mehr nachweisbar. Trotzdem gelten gerade diese hohen Potenzen unter Homöopathen als hochwirksame Mittel.

Ein Homöopath findet das richtige Medikament, indem er sich ausführlich mit dem Patienten unterhält. Er interessiert sich nicht nur für körperliche Beschwerden, sondern auch für den Charakter und die geistig-seelische Verfassung des Patienten. In dem Repetorium der Arzneimittelbilder sucht er dann das Medikament, das ein Leiden mit möglichst ähnlichen Symptomen erzeugen kann: ein „Homoion Pathos". Das ist dann das richtige Medikament.

Wissenschaftlicher Nachweis

Hahnemanns Idee von der Heilwirkung nach dem Ähnlichkeitsprinzip
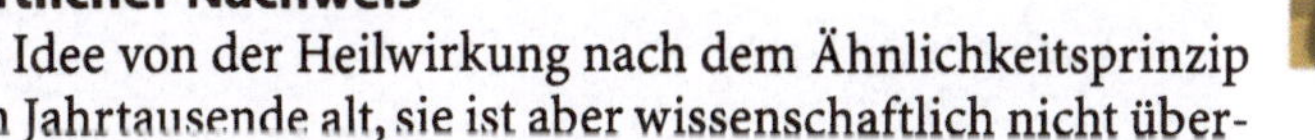
ist zwar schon Jahrtausende alt, sie ist aber wissenschaftlich nicht überprüfbar.

Wiederholt wurde der Versuch unternommen, mit physikalischen Methoden oder in Tierversuchen zu testen, ob sich die - chemisch gesehen - wirkstoffreien Hochpotenzen von einem entsprechend potenzierten Gemisch aus Wasser und Alkohol unterscheiden. Dabei gab es einzelne positive Ergebnisse. Die Wirksamkeit von Hochpotenzen wird in wissenschaftlichen Kreisen aber immer noch sehr heftig diskutiert.

Überwältigend ist die Summe der positiven Berichte aus der homöopathischen Praxis. 1997 kam eine deutsch-amerikanische Lancetstudie nach Auswertung von 89 Einzelstudien zu dem Schluß, daß Homöopathika etwa eineinhalbmal besser wirken als Scheinmedikamente, sogenannte Placebos.

Niveau der Ausbildung

Die Ausbildungsrichtlinien sind von der Bundesärztekammer festgelegt und befinden sich auf hohem Niveau. Mediziner, die den Zusatztitel „Arzt für Homöopathie" führen wollen, müssen sich 2 Jahre lang an einer Klinik weiterbilden und in dieser Zeit an insgesamt 6 einwöchigen Seminaren teilnehmen. Anschließend dürfen sie für 3 Jahre nur unter Anleitung eines erfahrenen Arztes praktizieren. Erst danach dürfen sie den Zusatztitel führen und selbständig arbeiten.

Risiken und Gegenanzeigen

Unter den etwa 2000 homöopathischen Heilmitteln befinden sich auch Gifte wie Quecksilber und Arsen. Hier ist bei niedrigen Verdünnungen (bis D12) Vorsicht geboten.

Kosten

Eine Erstberatung kostet bei einem Heilpraktiker etwa 70 bis 120 DM, ein Arzt berechnet dafür 235 DM. Die Medikamente kosten um 10 DM. Zahlreiche Kassen beteiligen sich an den Kosten.

TESTBEWERTUNG · HOMÖOPATHIE

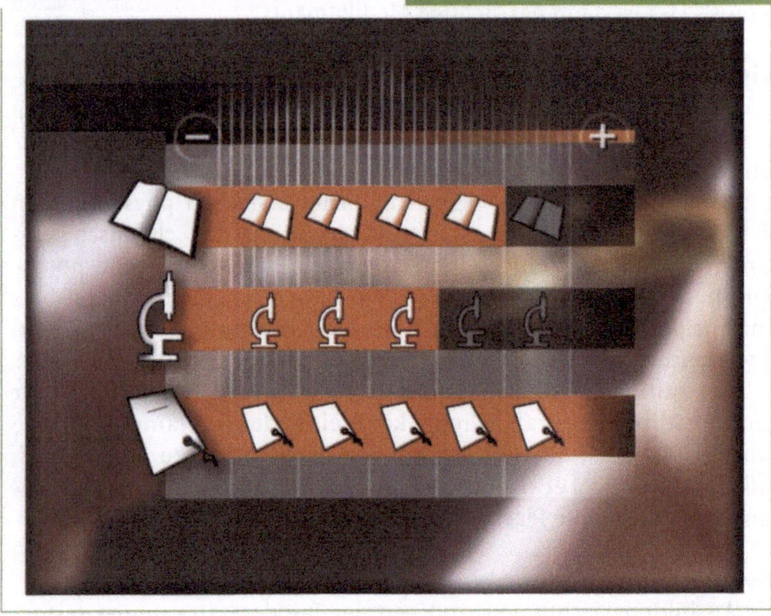

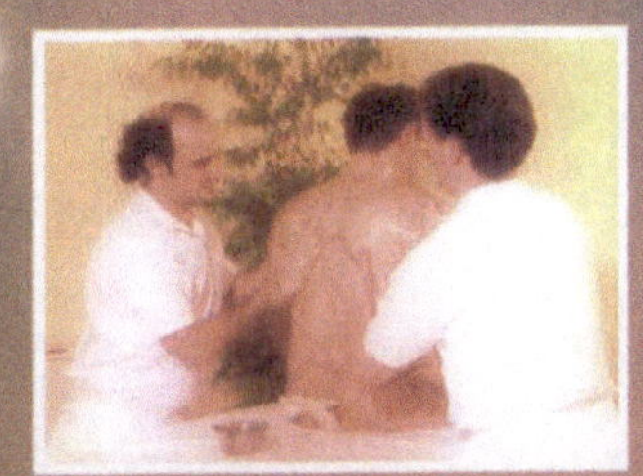

3

Fremde Medizinkulturen

3.1 Ayurveda

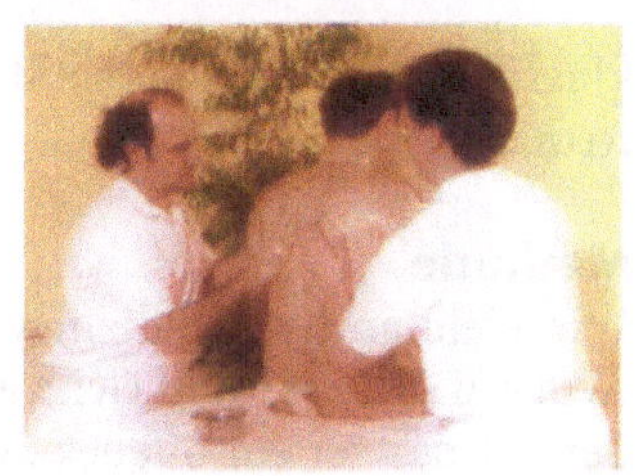

EINFÜHRUNG

Ayurveda ist eine alte Heilkunst, deren Wurzeln etwa 5000 Jahre zurückreichen. Wörtlich übersetzt bedeutet Ayurveda „Wissenschaft vom Leben". Die Inder verstehen darunter weit mehr als nur eine Methode zur Behandlung von Krankheiten, Ayurveda ist in Indien eine Lebensphilosophie.
Vom 7. Jahrhundert v. Chr. bis etwa 1000 n. Chr. erlebte das Ayurveda seine Blütezeit.
In Indien ist es auch heute noch die Medizin des Volkes. Zwei Drittel aller Inder lassen sich auf diese Weise behandeln. Der Begriff Volksmedizin macht deutlich: Es sind vor allem Menschen aus einfachen Verhältnissen, die diesen Heilverfahren vertrauen. Die Engländer hatten während der Kolonialzeit dafür gesorgt, daß ein ayurvedisches Gesundheitssystem aus- und aufgebaut wird.
In Deutschland ist Ayurveda ein recht junges Heilverfahren. Diese Medizin wird seit Anfang der 90er Jahre auch bei uns praktiziert. Bislang sind es überwiegend Besserverdienende, welche die Heilkünste ayurvedischer Ärzte und Therapeuten in Anspruch nehmen, denn die Behandlungen sind recht zeit- und personalintensiv und damit teuer. Sie werden in Form von Kuren oder Einzelbehandlungen in Ayurvedazentren und Kliniken angeboten.

Anwendungsgebiete

In Deutschland recht bekannt ist die sogenannte Pancha-Karma-Kur. Diese Kur dient der Reinigung und Ausleitung; sie verspricht Hilfe bei klassischen Wohlstandsleiden wie Rheuma, Asthma, Diabetes und Arthrose.

Methode

Wie viele andere Medizinsysteme aus dem Osten begreift auch das Ayurveda Körper und Geist als eine Einheit. Im Ayurveda glaubt man, der Körper sei ein offenes System, das ständig mit seiner Umwelt im Austausch steht.

Die Inder gehen davon aus, daß in jedem Menschen 3 Lebensenergien wirken, sogenannte „Doshas".

„Vata" bedeutet Bewegung und Fluß. Die Vata-Energie ist verantwortlich für Bewegungsabläufe, sie steuert das Wachstum. Ein ausgeglichenes Vata führt zu Wachheit, Klarheit und Kreativität.

„Pitta" gilt als Stoffwechselenergie. Pitta-Energie reguliert die Verdauung, den Stoffwechsel und den Wärmehaushalt des Körpers. Menschen mit ausgeglichenem Pitta können gut mit ihren Gefühlen umgehen.

„Kapha" steht für Strukturierung. Die Kapha-Energie regelt den Flüssigkeitshaushalt und stärkt die Abwehrkräfte. Menschen mit ausgeglichenem Kapha sind gelassen und selbstsicher.

Normalerweise sind diese 3 Doshas oder Energien miteinander im Gleichgewicht. Eine ungesunde Lebensführung kann aber dazu führen, daß eine Energieform überwiegt und der Mensch aus dem Gleichgewicht gerät. Der Körper sammelt dann Schlacken an. Im Ayurveda ist das bereits der Beginn einer Krankheit.

Die Behandlungsmethoden zielen deshalb zunächst darauf, Schlacken aus dem Körper zu entfernen, um das Gleichgewicht zwischen den 3 Lebensenergien wiederherzustellen.

Dies geschieht z. B. durch eine Pancha-Karma-Kur, bei der die Patienten an 5 Tagen nacheinander 5mal auf die gleiche Weise behandelt werden. Pancha-Karma bedeutet wörtlich übersetzt: 5 Handlungen.

Um die Schlacken im Muskel- und Fettgewebe zu mobilisieren, werden die Patienten von 2 Therapeuten mit Öl eingerieben und massiert. Die beiden Masseure arbeiten synchron, einer auf der rechten, einer auf der linken Seite. Nach dieser Massage nimmt der Patient ein Kräuterdampfbad, um Schlacken über das größte Ausscheidungsorgan, die Haut, auszuschwitzen. Auf diese Schwitzkur folgt die zweite Reinigungsphase: ein Einlauf. Damit sollen auch noch die Schlacken aus dem Darm gespült werden.

Wissenschaftlicher Nachweis

Die meisten wissenschaftlichen Arbeiten zum Ayurveda sind in Indien, den USA oder Holland angefertigt worden. In Deutschland steht die Forschung auf diesem Gebiet noch am Anfang, da Ayurveda hier erst seit wenigen Jahren praktiziert wird. Doch immerhin konnten Forscher an der Universität Freiburg durch eine Studie belegen, daß der Cholesterinwert nach einer Pancha-Karma-Kur um durchschnittlich 13% sinkt. Damit verringerte sich für die Patienten auch das Risiko, einen Herzinfarkt zu bekommen. Außerdem fühlten sich die Patienten noch 2 Monate nach so einer Kur sehr viel wohler als vorher und klagten seltener über körperliche Beschwerden.

Niveau der Ausbildung

In Deutschland gibt es derzeit keine Fortbildungsangebote. Bislang konnten einzelne Methoden aus dem Ayurveda wie die Pulsdiagnose in Blockseminaren gelernt werden, doch die Anbieter überarbeiten gerade ihre Seminarpläne und bieten derzeit keine Kurse an.

Im Sommer 1998 hat an der Medizinischen Hochschule Hannover eine Fortbildung zum Arzt für Ayurveda begonnen. Die angehenden Mediziner werden einen Teil ihrer Ausbildung in Indien absolvieren.

Risiken und Gegenanzeigen

Bei einer Reinigungskur wie der Pancha-Karma-Kur spielen Einläufe und Massagen mit Öl eine wichtige Rolle. Strenge Hygiene sollte dabei oberstes Gebot sein. Solch eine Kur kann den Kreislauf belasten. Menschen mit einem schwachen Kreislauf sollten deshalb darauf achten, daß sie sich nicht zuviel zumuten. Darüber hinaus gibt es wenig Gefahren.

Bei einer speziellen Form des Ayurveda, beim Maharishi-Ayurveda, wird den Patienten geraten, eine bestimmte Meditation, die Transzendentale Meditation, zu praktizieren. Diese Meditationsform ist in Deutschland sehr umstritten. Patienten sollten sich nicht dazu drängen lassen, die Teilnahme sollte unbedingt freiwillig geschehen. Psychisch labilen Menschen wird davon abgeraten.

Kosten

Einzelanwendungen kosten 100 bis 500 DM, eine Ayurvedakur etwa 4000 DM. Die Krankenkassen zahlen nicht.

TESTBEWERTUNG • AYURVEDA

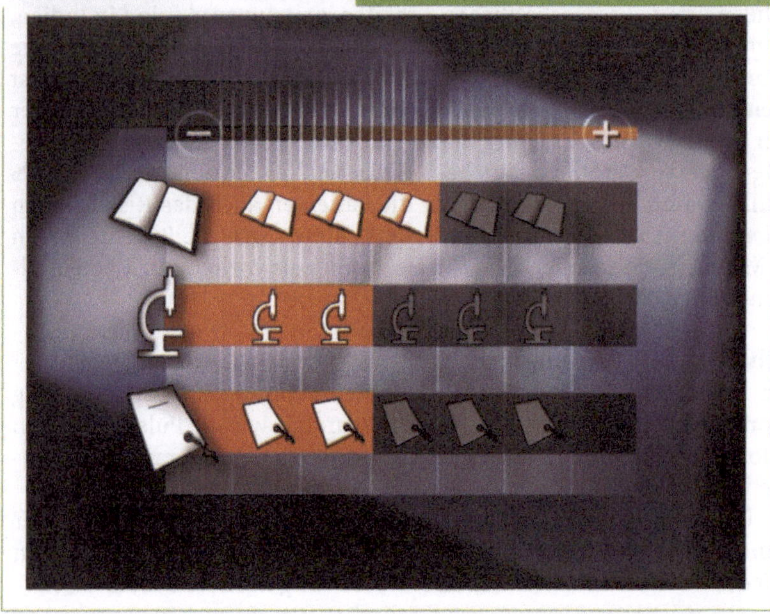

3.2 Traditionelle chinesische Medizin

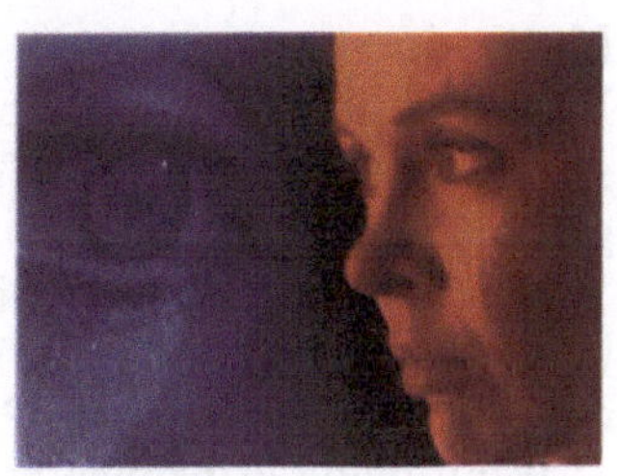

EINFÜHRUNG

Die traditionelle chinesische Medizin verbindet Elemente des Konfuzianismus, Buddhismus und Taoismus. Sie setzt sich zusammen aus den Elementen Akupunktur, Kräuterheilkunde, Ernährungslehre, Tui Na Au Mo, Moxa und Qi Gong.
In China wurden Ärzte bezahlt, wenn der Patient gesund blieb. Darin zeigt sich, wie grundsätzlich anders das chinesische Verständnis von Krankheit und Gesundheit ist. In seiner Extremform hat das aber auch dazu geführt, daß in der Volksrepublik China Anfang der 70er Jahre Krankheit mit falschem Denken gleichgesetzt wurde. Psychisch kranke Menschen wurden deshalb geächtet.
Die Geschichte der chinesischen Medizin reicht gut 3000 Jahre zurück. Allerdings gab es eine scharfe Trennung zwischen Medizintheoretikern und Behandlern.
Die traditionelle chinesische Medizin war bei vielen Epidemien sehr erfolgreich, sie kannte aber keine Operationen. Die Ärzte hatten keine genauen Vorstellungen von der Lage der Organe, weil Obduzieren und Sezieren streng verboten waren. Vielerorts hat das westliche Medizinsystem mit seinen modernen Methoden die traditionelle chinesische Medizin in China geradezu überrollt.

Anwendungsgebiete

Die traditionelle chinesische Medizin wird in Europa hauptsächlich eingesetzt bei Rheuma, Migräne, Schmerzzuständen und chronischen Erkrankungen.

Methode

Nach traditioneller chinesischer Philosophie wirkt in allem das Wechselspiel von „Yin“ und „Yang“. Im Menschen erzeugt es die Lebensenergie „Chi“.

Yang steht für das männliche Prinzip und bedeutet Sonne. Es verkörpert Aktivität, Dynamik, Wärme. Unter Yin (Dunkelheit) verstehen die Chinesen das weibliche Prinzip: Substanz, Passivität und Kälte.

Wenn beide Prinzipien miteinander im Gleichgewicht sind, ist der Mensch nach chinesischer Vorstellung gesund. Krankheit äußert sich für die Chinesen also in einem Ungleichgewicht zwischen diesen beiden gegensätzlichen Polen.

Das Yin-Yang-System wird ergänzt durch die Lehre der 5 Elemente. Ihnen sind die Organe zugeordnet. Die chinesische Medizin unterscheidet die Elemente Wasser, Feuer, Erde, Holz und Metall und ordnet ihnen die Organe Niere (Wasser), Herz (Feuer), Magen (Erde), Leber (Holz) und Lunge (Metall) zu. Diese Einteilung bezieht sich auf das gesamte Organsystem. Bei der Lunge gehört z. B. der gesamte Atmungsapparat mit Bronchien, Atemwegen und Nase mit dazu. Nicht nur die Medizin, auch die chinesische Ernährungslehre basiert auf diesem Prinzip.

Ein Arzt, der nach den Grundsätzen der traditionellen chinesischen Medizin arbeitet, führt zunächst ein Gespräch mit seinem Patienten. Dann betrachtet er dessen Zunge, beobachtet, hört und beriecht den Patienten und fühlt den Puls. 18 verschiedene Pulsarten werden unterschieden. Meist wird der Arzt dann eine Kräutermischung verschreiben, die das Gleichgewicht zwischen Yin und Yang wieder herstellen soll.

Wissenschaftlicher Nachweis

In der traditionellen chinesischen Medizin werden etwa 5000 verschiedene Substanzen verwendet. Sie sind mineralischen, pflanzlichen oder tierischen Ursprungs. Inzwischen sind die Inhaltsstoffe vieler Arzneipflanzen analysiert. Die Kenntnisse über ihre Wirkungsweise sind aber noch lückenhaft.

Pharmakonzerne interessieren sich sehr für die Wirkstoffe der chinesischen Medizin. Ein Großkonzern will in wenigen Jahren ein Lebermedikament auf den Markt bringen, dessen Wirkstoff aus einer chinesischen Heilpflanze stammt.

Niveau der Ausbildung

Die Ausbildung zum Arzt der traditionellen chinesischen Medizin dauert in China mindestens 9 Jahre. Die chinesische Medizin ist für westliche Medizin ohne spezielle Ausbildung nicht nachvollziehbar, weil ein völlig anderes Medizinsystem hinter dieser Ausrichtung steht. In Deutschland werden Teilgebiete wie die Ernährungslehre in Kursen angeboten, die 3-4 Wochen dauern. Diese kurze Zeitspanne wird dem komplexen Medizinsystem nicht gerecht. Eine gründliche Ausbildung ist zur Zeit in Europa schwer zu erhalten.

Grundlagen der traditionellen chinesischen Medizin werden auch in der Akupunktur-Ausbildung gelehrt. Diese umfaßt 350 Fortbildungsstunden.

Risiken und Gegenanzeigen

Einige chinesische Medikamente enthalten äußerst wirksame Inhaltsstoffe. Es werden hochgiftige Pflanzen verwendet, die bei falscher Anwendung tödlich wirken können. Das Risiko ist deshalb relativ hoch.

Kosten

Eine Behandlung kostet zwischen 100 und 200 DM. Die Krankenkassen zahlen nicht.

TESTBEWERTUNG • TRAD. CHINESISCHE MEDIZIN

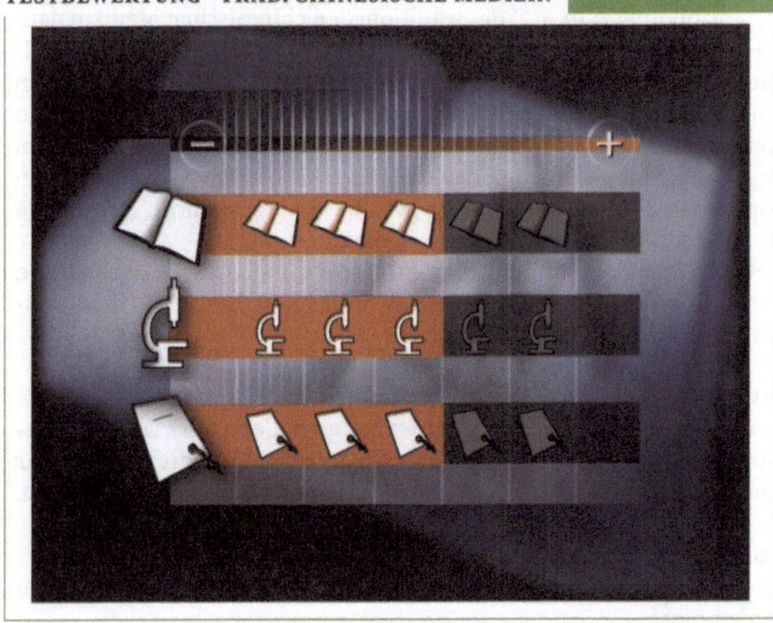

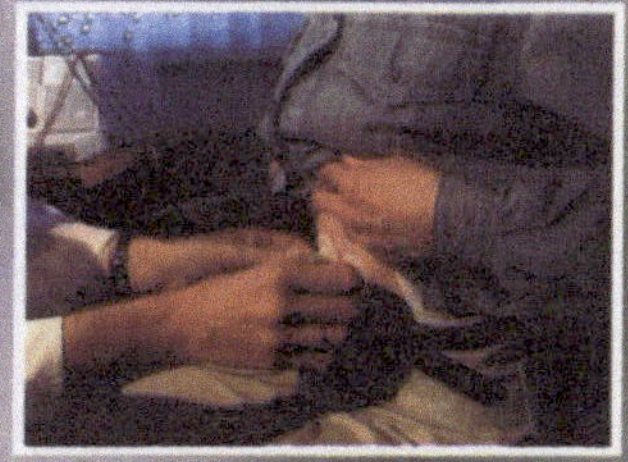

4

Alternative Apparatemedizin

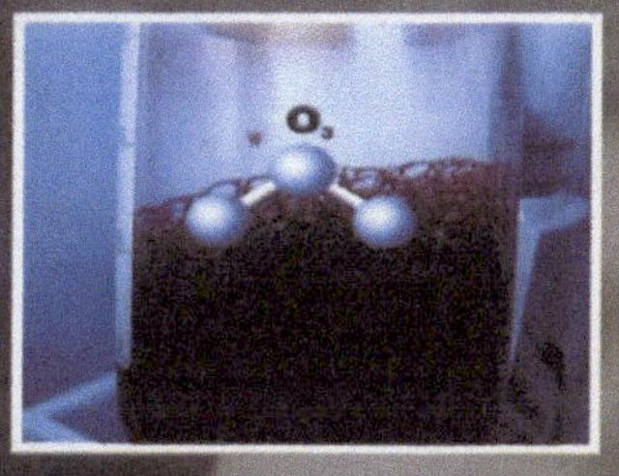

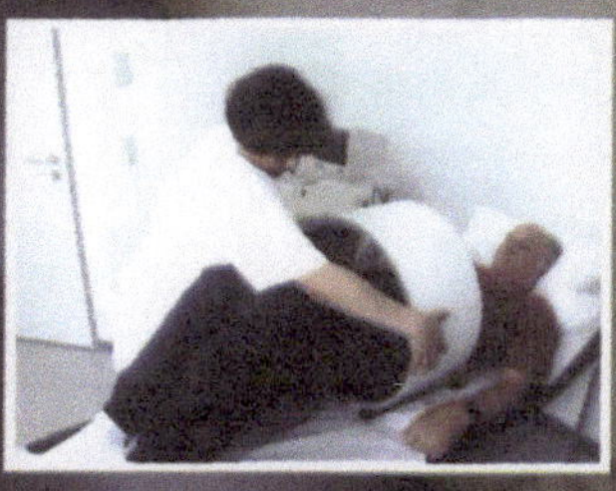

4.1 Bioresonanztherapie

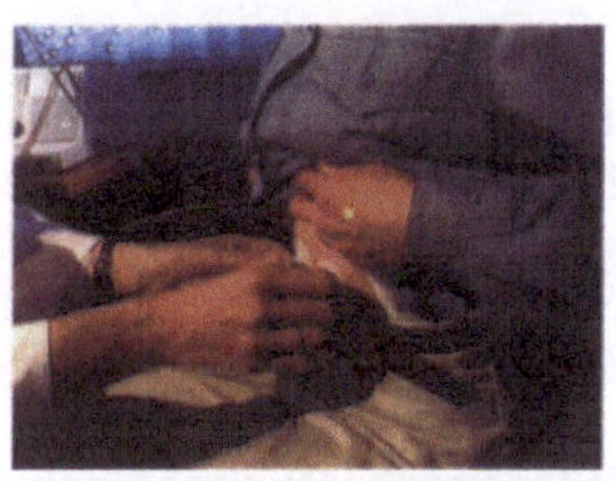

EINFÜHRUNG

Die Grundlagen dieser recht jungen Therapieform entwickelten der Arzt Franz Morell und der Elektronikingenieur Erich Rasche vor rund 20 Jahren. In ihrer jungen Geschichte erhielt diese Therapieform bereits mehrmals neue Namen. Bioresonanztherapie (BRT) oder Biophysikalische Informationstherapie (BIT) sind heute die gebräuchlichsten Bezeichnungen.

Anwendungsgebiete

Die Bioresonanztherapie wird eingesetzt bei Allergien, besonders Nahrungsmittelallergien, Schmerzzuständen, Rheuma, Asthma, Magen- und Darmleiden, Herz-Kreislauf-Erkrankungen, Migräne, Schlafstörungen und toxischer Belastung.

Methode

Die Methode beruht auf einer Entdeckung, die Franz Morell per Zufall machte. Er beobachtete, daß sich bei Patienten der Hautwiderstand ändert, wenn sie eine Ampulle mit einer Substanz in die Hand nehmen. Für ihn war damit der Beweis erbracht, daß Energiewellen Informationen aus der Ampulle auf den Körper übertragen. Er ließ ein Sender-Empfänger-Gerät bauen, das diese Schwingungen empfangen und verändern sollte.

Bei einer Bioresonanzsitzung werden diese körpereigenen Schwingungen aufgezeichnet. Der Arzt oder Therapeut bezieht aus den Aufzeichnungen Informationen über den Zustand des Körpers und der Organe. Kranke Organe zeigen ein starres, regelmäßiges Schwingungsmuster, gesundes Gewebe schwingt unregelmäßig.

Während der Therapie sollen die Schwingungen des erkrankten Körpergewebes mit Elektroden abgeleitet und im Gerät in ihr Spiegelbild verkehrt werden. Das Gerät gibt die spiegelverkehrten Schwingungen an den Körper zurück. Nach Morell löschen diese spiegelbildlichen Schwingungen die krankhaften Schwingungen im Körper aus, das kranke Gewebe wird wieder gesund.

Wissenschaftlicher Nachweis

Es gibt keinen wissenschaftlichen Nachweis, der die Wirkung der Bioresonanztherapie bestätigt. Einzelfälle, in denen die Therapie gewirkt haben soll, sind dokumentiert, doch bisher konnte nicht ausgeschlossen werden, daß es sich dabei um Placeboeffekte handelt. Biophysiker kritisieren an der Methode, das Signal eines kranken Gewebes würde im Rauschen der übrigen Wellen untergehen. Ihrer Einschätzung nach ist das Schwingungsmuster des menschlichen Körpers mit der Bioresonanztherapie nicht zu beeinflussen.

Niveau der Ausbildung

Etwa 10 000 Geräte sind in Deutschland im Einsatz, 4000 davon werden von Ärzten bedient. Die „Ärztegesellschaft für Biophysikalische Informationstherapie“ hat ein 2jähriges Ausbildungsprogramm entwickelt, Gerätehersteller bieten 2-3tägige Einführungskurse an.

Risiken und Gegenanzeigen

Die Risiken werden unterschiedlich eingeschätzt. Die Anwender halten Reaktionen bis hin zum allergischen Schock für möglich. Für die Kritiker gibt es keine Gefahren, weil sie die Behandlung für wirkungslos halten.

Die Bioresonanztherapie und ihre Geräte wurden von Scientologen entwickelt. Die Geräte werden weiterhin von Mitgliedern der Sekte vertrieben. Wer sich für diese Therapie interessiert, sollte darauf achten, nicht in Abhängigkeit der Sekte zu geraten. Schwere Erkrankungen sollten zunächst mit erprobten Therapien behandelt werden.

Kosten

Eine Bioresonanzbehandlung kostet zwischen 40 und 120 DM. Die Kassen zahlen nicht.

TESTBEWERTUNG · BIORESONANZTHERAPIE

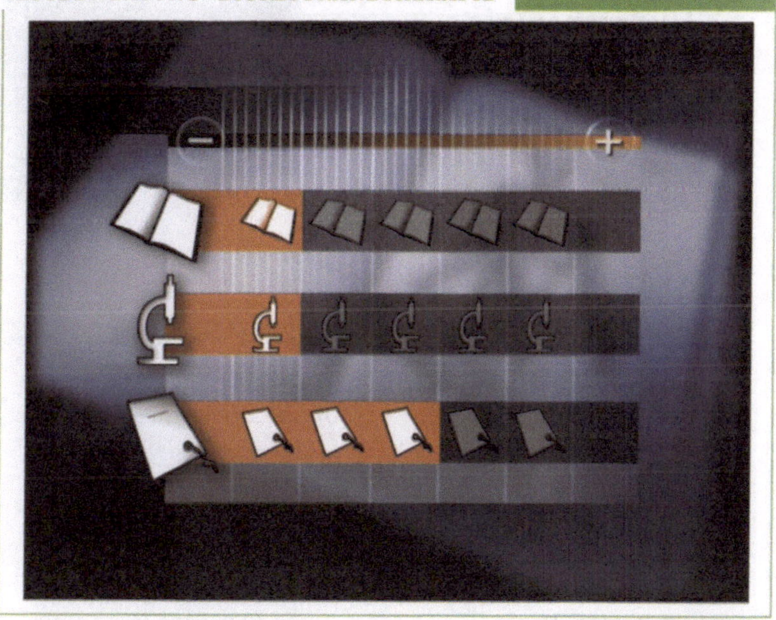

4.2 Colon-Hydrotherapie

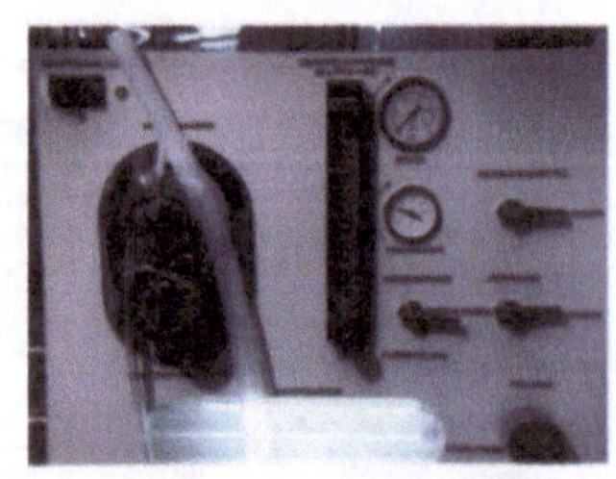

EINFÜHRUNG

Darmbäder oder Darmspülungen gehören zu den ältesten Verfahren der Medizingeschichte. Schon die Priesterärzte im alten Ägypten wandten sie an. Auch die Ärzte des Mittelalters und der Barockzeit verordneten Einlaufserien zur Behandlung von allerlei Krankheiten. Die Vorstellung, daß sich allerlei Gifte im Darm anreichern und zu Krankheiten führen, ist auch heute noch in der Naturheilkunde weit verbreitet. Das Sprichwort „Der Tod sitzt im Darm" wird in diesem Zusammenhang immer wieder zitiert.
Die Colon-Hydrotherapie ist eine Weiterentwicklung des Einlaufs. Die Methode wurde in den USA entwickelt und gelangte schließlich über Kanada nach Deutschland. Sie ist den ausleitenden Verfahren zuzuordnen.

Anwendungsgebiete

Die Colon-Hydrotherapie wird angewendet bei Verstopfung, Müdigkeit, Depressionen, Parasitenbefall, Hautkrankheiten und Allergien.

Methode

Die Bakterien im Darm erfüllen viele wichtige Aufgaben: Sie helfen bei der Verdauung, stellen Vitamine zur Verfügung und regen die unspezifische Immunabwehr an. Im Gegenzug ernähren sie sich von dem Nahrungsbrei. Eine solche Lebensgemeinschaft, in der beide Partner voneinander profitieren, nennen Biologen „Symbiose". Falsche Ernährung, Genußgifte wie Alkohol oder Nikotin, Umweltbelastungen und Medikamentenmißbrauch können aber dazu führen, daß diese Gemeinschaft gestört wird. Dann siedeln sich krankheitserregende Bakterien oder Pilze im Darm an. Fachleute sprechen von einer „Dysbiose". Die Befürworter der Colon-Hydrotherapie gehen davon aus, daß die Darmflora bei den meisten Menschen nicht optimal zusammengesetzt ist. Mit der „großen Darmwäsche", der Colon-Hydrotherapie wollen sie den Darm von krankheitserregenden Bakterien reinigen, und so ein Klima schaffen, in dem sich günstige Keime ansiedeln können.

Der Patient liegt während der Behandlung auf dem Rücken. Vorher wurde ein Kunststoffröhrchen 6-10 Zentimeter tief in seinen Enddarm eingeführt. Über dieses Rohr fließt Wasser mit unterschiedlichen Temperaturen in den Darm. Der gelöste Darminhalt wird über einen Abflußschlauch abgeleitet. Ein Therapeut massiert die Bauchdecke des Patienten. Dabei lockert er Verhärtungen und Verspannungen. Die Wassertemperatur kann beliebig variiert werden. Meist beträgt die Temperatur zwischen 30 und 38 Grad. Die auflösende Wirkung des Wassers und der Temperaturreiz sollen auf die Darmmotorik einwirken und den Darm anregen, den Inhalt weiterzutransportieren. 10 Minuten vor Ende der 45-minütigen Behandlung leitet der Therapeut medizinischen Sauerstoff in den Dickdarm. Da die günstigen Darmbakterien Sauerstoff vertragen (Aerobier), die krankheitserregenden aber nicht (Anaerobier), soll damit die Ansiedlung der gewünschten Keime gefördert werden.

Der wissenschaftliche Nachweis

Innerhalb des Erklärungsmodells der Colon-Hydrotherapie gibt es bisher nur Nachweise für die Bedeutung des Darms innerhalb des menschlichen Immunsystems. Hier konnte wissenschaftlich nachgewiesen werden, daß die „Peyer´schen Plaques" das Immunsystem trainieren. Doch diese Plaques liegen im Dünndarm und werden von der Spülung nicht erreicht. Auch die Grundvorstellung, daß nur eine ganz bestimmte Zusammensetzung der Darmflora gesund sei, ist wissenschaftlich widerlegt. Die Anteile einzelner Bakterienstämme unterscheiden sich quer durch die Bevölkerung häufig um den Faktor 10, oft sogar um den Faktor 100, ohne daß dadurch Krankheiten ausgelöst würden.

Weit mehr als Darmspülungen beeinflussen Ernährungsgewohnheiten die Darmflora. Wissenschaftlich anerkannt ist die Darmspülung nur bei Verstopfung und zum Entfernen alter Kotreste. Beweise für weitergehende Heilerfolge durch die Colon-Hydrotherapie fehlen.

Niveau der Ausbildung

Die Hersteller der Geräte schulen ihre Kunden in einem kurzen Lehrgang. Schulen oder Lehrpläne gibt es nicht. Es gibt weder eine Ärztegesellschaft noch einen Fachverband.

Risiken und Gegenanzeigen

Mit der Therapie sind nur geringe Risiken verbunden. Patienten, die an einer entzündlichen Darmerkrankung oder Morbus Crohn leiden, sollten keine Colon-Hydrotherapie durchführen lassen. Offene Hämorrhoiden und schwere Herzkrankheiten sprechen ebenfalls gegen diese Behandlung.

Kosten

Eine Behandlung kostet zwischen 80 und 150 DM. Die Kassen zahlen nicht.

TESTBEWERTUNG • COLON-HYDROTHERAPIE

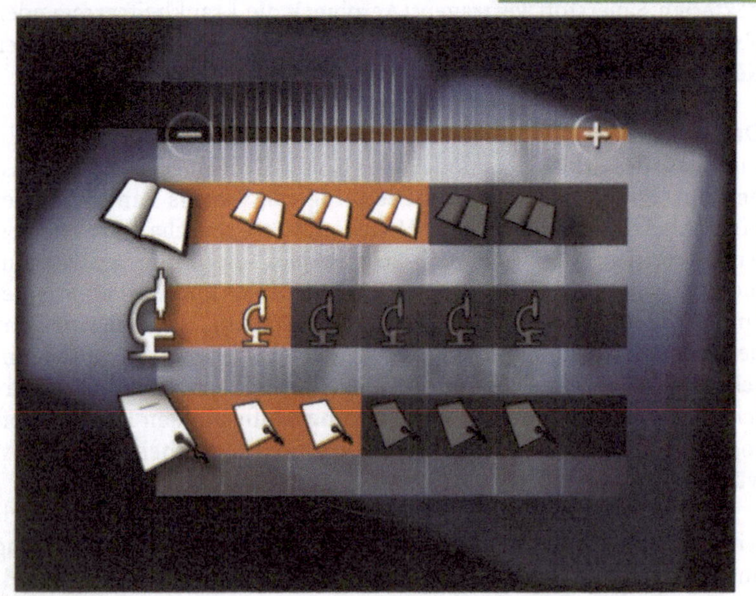

4.3 Elektroakupunktur nach Voll (EAV)

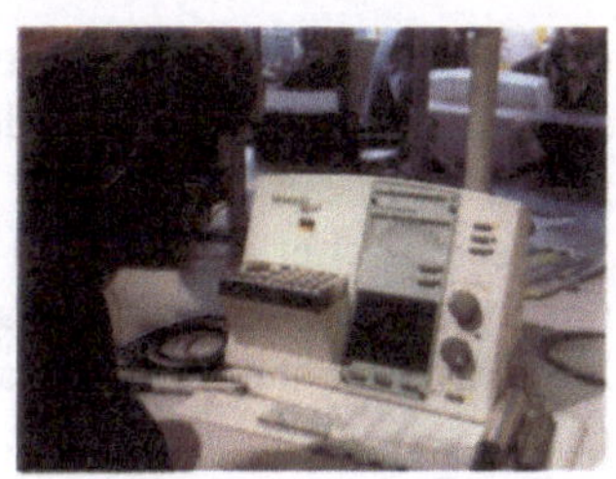

EINFÜHRUNG

Der deutsche Arzt Dr. Reinhold Voll griff Anfang der 70er die Idee eines französischen Kollegen auf und entwickelte daraus die Elektroakupunktur.
Wie der Name bereits vermuten läßt, orientierte er sich dabei sehr stark an der Akupunktur. Er fügte dem klassischen chinesischen Meridianmodell mit seinen Akupunkturpunkten aber im Laufe seines Lebens eine ganze Reihe weiterer Punkte hinzu, die er glaubte, durch Messungen bestimmen zu können.
Die Methode ist auch unter dem Namen „Medizinische Systemtherapie" bekannt. Der wesentliche Unterschied zur Akupunktur besteht darin, daß es sich um ein reines Diagnoseverfahren handelt, bei dem keine Nadeln in die Haut gestochen werden.

Anwendungsgebiete

Die Elektroakupunktur ist ein reines Diagnoseverfahren. Die Befürworter empfehlen die Methode bei Allergien, Autoimmunerkrankungen, chronischen Erkrankungen der inneren Organe, akuten Vergiftungen und bei Zahn-, Mund- und Kiefererkrankungen.

Methode

Die Elektroakupunktur gründet auf der chinesischen Vorstellung, daß ein Mensch krank wird, wenn der Energiefluß im Körper gestört ist. In der chinesischen Medizin wird das Gleichgewicht wiederhergestellt, indem entsprechende Punkte stimuliert werden. Auch die Elektroakupunktur arbeitet mit den bekannten Punkten und Meridianen der chinesischen Medizin. Reinhold Voll will darüber hinaus eine Vielzahl neuer Punkte und Meridiane entdeckt haben. Alle diese Punkte lassen sich exakt bestimmen, weil der Hautwiderstand an dieser Stelle niedriger ist als in der Umgebung.

Wesentlicher Bestandteil der Methode ist der sogenannte „Resonanztest" oder auch „Medikamententest". Dabei nimmt der Therapeut Medikamente oder Zahnersatzstoffe (Kronen- und Füllungsmaterialien) in den Meßkreis mit auf.

Der Patient nimmt einen Metallgriff, die negative indifferente Elektrode, in die eine Hand. Die andere, positiv differente Elektrode in Form eines Griffels führt der Therapeut an verschiedene Akupunkturpunkte an Händen, Füßen oder am Kopf. Findet er einen instabilen Wert, probiert er so lange verschiedene Substanzen oder homöopathische Verdünnungsstufen aus, bis dieser instabile Wert an einem Meßpunkt in eine stabile Messung übergeht. Diese Substanzen nimmt der Patient entweder in die andere, freie Hand oder sie werden in einen Metallbehälter gestellt, der in den Meßkreis des Gerätes eingebunden ist.

Nach dieser Untersuchung nimmt der Patient die Medikamente ein. Die Befürworter der Methode glauben, daß dieses Verfahren auch Hinweise auf sogenannte Herdbelastungen geben kann. Gemeint sind damit Amalgamfüllungen, Giftablagerungen im Körper oder verdeckte Entzündungen.

Wissenschaftlicher Nachweis

Es gibt keine Studien, welche die Wirksamkeit dieses Verfahrens belegen. Es sind eine ganze Reihe von Aufsätzen, Dissertationen und Abhandlungen zum Thema erschienen, die allerdings nicht die Anforderungen an wissenschaftliche Studien erfüllen. Der Zahnmediziner Professor Götz Siebert will herausgefunden haben, daß mit Hilfe der Elektroakupunktur bei Allergien genauere und sensiblere Diagnosen möglich sind als bei den klassischen Hauttests.

Gänzlich unerforscht ist der Medikamententest. Ingenieure der Fachhochschule Augsburg bemühen sich derzeit darum, den Test zu objektivieren.

Niveau der Ausbildung

Das Niveau der Ausbildung schwankt stark. Die „Internationale Gesellschaft für Elektroakupunktur" vergibt ein Diplom an Ärzte und

Zahnärzte. Dafür müssen die Mediziner innerhalb eines Jahres 9 Seminare besuchen.

Die Gerätehersteller bieten Seminare an, die ein Wochenende dauern. Nach ihrer Auffassung reicht dieser Zeitraum aus, die Methode zu erlernen.

Risiken und Gegenanzeigen

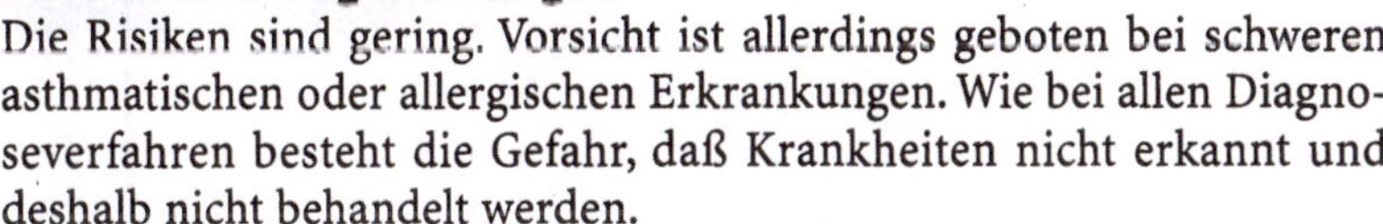

Die Risiken sind gering. Vorsicht ist allerdings geboten bei schweren asthmatischen oder allergischen Erkrankungen. Wie bei allen Diagnoseverfahren besteht die Gefahr, daß Krankheiten nicht erkannt und deshalb nicht behandelt werden.

Kosten

Eine Erstuntersuchung dauert 1-2 Stunden und kostet bei einem Arzt 300 bis 400 DM. Dazu kommen noch die Kosten für die Medikamente. Diese Kosten trägt der Patient, denn die Kassen zahlen nicht.

TESTBEWERTUNG • ELEKTROAKUPUNKTUR NACH VOLL

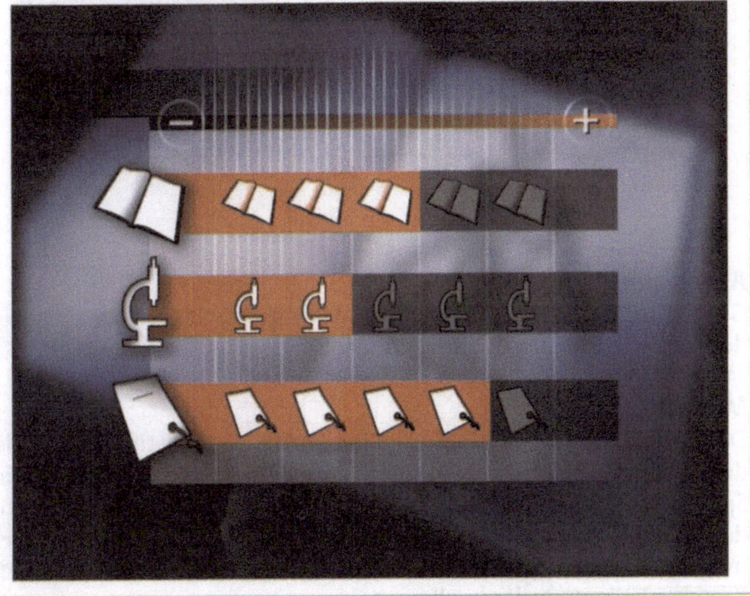

4.4 Magnetfeldtherapie

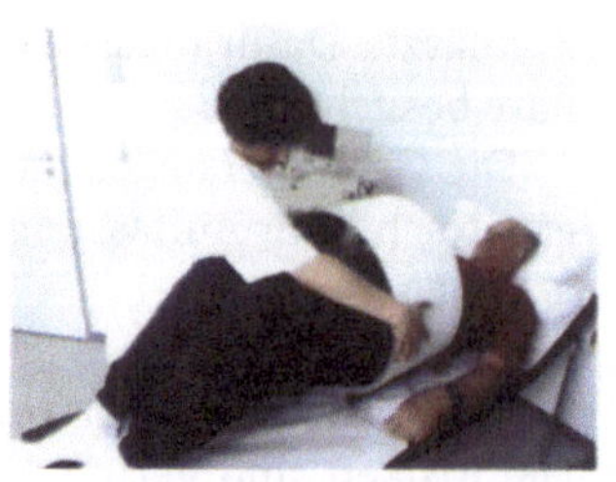

EINFÜHRUNG

Die Magnetfeldtherapie ist eine der Heilmethoden, deren Geschichte weit zurückreichen. Die alten Ägypter wollten mit der Kraft magnetischen Metalls heilen, der Naturarzt Hippokrates ebenso. Auch Paracelsus versuchte sich im 16. Jahrhundert an der Wundheilung durch Magneten. Die Idee hat etwas Verlockendes, denn diese Therapie verspricht, ohne chirurgischen Eingriff und ohne Medikamente zu heilen.

Richtig in Mode kam die Magnetfeldtherapie in den 70er Jahren. Ein Orthopäde und ein Physiker entwickelten eine Methode, mit der sie schlecht heilende Knochenbrüche einem elektrischen Feld aussetzten. Die Erfolge waren so groß, daß die Krankenkassen beschlossen, sich an den Kosten zu beteiligen. Anfang der 90er Jahre nahmen sie dieses Versprechen aber wieder zurück, weil die Wirksamkeit nicht ausreichend belegt werden konnte.

Anwendungsgebiete

Gut erforschte Anwendungsgebiete sind Wundheilungsstörungen, z. B. der Haut, der Bänder und der Knochen.

Methode

Die Befürworter der Methode glauben, daß die magnetischen Strahlen den Zellstoffwechsel anregen. In den 70er Jahren wurden dazu kleine Spulen in Knochenbrüche einoperiert. Das erkrankte Körperteil wurde dann einem pulsierenden Magnetfeld ausgesetzt. Dieses Magnetfeld induzierte in der Spule einen schwachen elektrischen Strom, der die Knochenheilung fördern sollte.

Inzwischen setzen viele Therapeuten auf eine konservative Behandlung. Sie nehmen an, daß auch von dem Magnetfeld allein eine heilende Wirkung ausgeht und verzichten darauf, die Spule einzuoperieren.

Die Geräte, die verwendet werden, um ein Magnetfeld zu induzieren, haben unterschiedliche Formen. Einige Hersteller bringen die Spulen in Kissen unter, die unter das kranke Körperteil gelegt werden. An dieses Kissen ist eine Steuerelektronik angeschlossen, die dem Therapeuten unterschiedliche Programme anbietet. So können Frequenz und Stärke der pulsierenden Felder auf die Krankheit abgestimmt werden.

Wissenschaftlicher Nachweis

Seit den 60er Jahren weiß man, daß Knochen piezoelektrisch sind, d. h.: Bei jedem Belastungswechsel erzeugen sie eine geringe Menge Strom.

Heute gilt als sicher: Die selbsterzeugten Ströme sind wesentlich am Aufbau und der Gesunderhaltung der Knochen beteiligt. Dieses Wissen wird z. B. in Reha-Kliniken und bei der Krankengymnastik eingesetzt. Der Patient lernt, das kranke Körperteil zu belasten und fördert damit seine eigene Heilung.

Der Strom, der dabei fließt, steuert die Organisation und Aushärtung der Knochenzellen.

Bei der Magnetfeldtherapie werden diese Ströme künstlich im Knochen induziert. In Tierexperimenten wurde bewiesen, daß so behandelte Brüche schneller heilen. Auch in Zellkulturen konnte die Wirksamkeit magnetischer Felder belegt werden. Bindegewebszellen entwickelten sich schneller, unreife Knochenzellen konnten schneller zu erwachsenen Knochenzellen ausreifen.

Niveau der Ausbildung

Für die Anwendung der Magnetfeldtherapie gibt es keine einheitliche Ausbildung. Die Hersteller weisen die Therapeuten in die Bedienung der Geräte ein. Solch eine Schulung dauert nicht länger als einen Tag. Weil die Geräte einfach zu bedienen sind, halten die Hersteller diese Form der Schulung für ausreichend.

Risiken und Gegenanzeigen

Patienten mit Herzschrittmachern oder anderen elektronischen Implantaten sollten diese Therapie auf keinen Fall anwenden. Die magnetischen Felder können die empfindliche Steuerelektronik stören.

Kosten

Die Kosten variieren je nach Anwender und sind abhängig von der Therapiedauer. Eine halbstündige Sitzung kostet etwa 50 DM, normalerweise sind 10-20 Behandlungen nötig. Die Krankenkassen zahlen nicht.

TESTBEWERTUNG · MAGNETFELDTHERAPIE

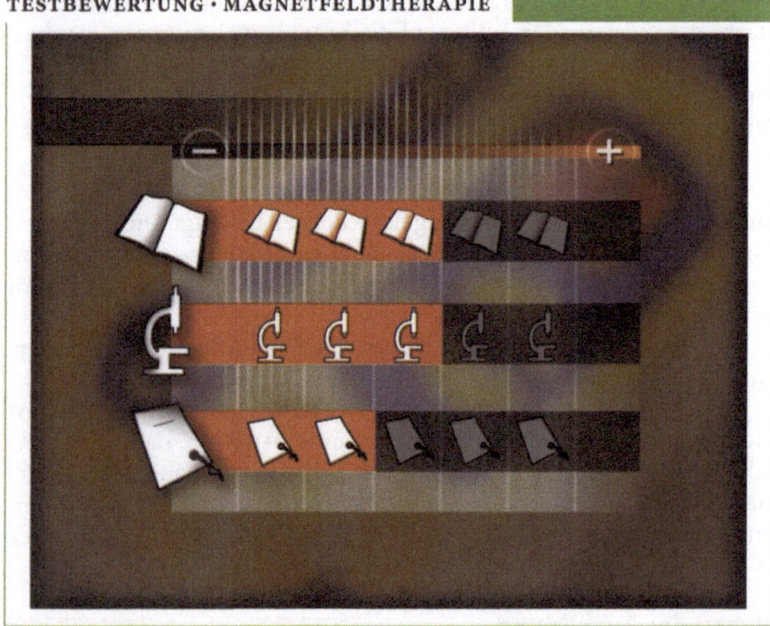

4.5 Ozontherapie

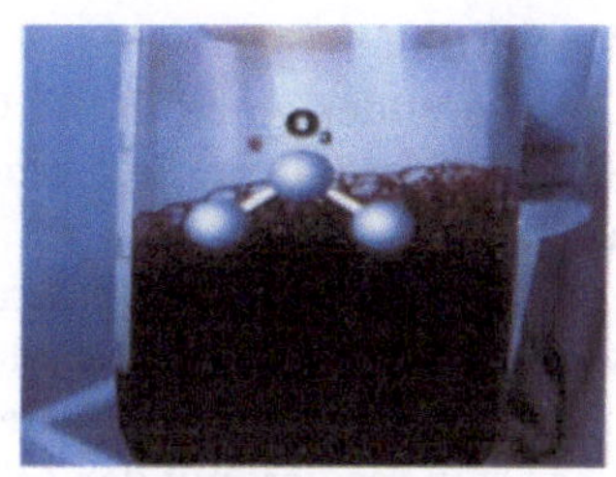

EINFÜHRUNG

Christian Schönbein entdeckte 1839 bei der Elektrolyse von Wasser ein neues Gas mit stechendem Geruch, das Ozon.
Heute ist Ozon in jedem Sommer in den Schlagzeilen. An einem sonnigen Tag steigt die Konzentration des giftigen Gases in den unteren Luftschichten rapide an. Einige Menschen reagieren gereizt auf Ozon, andere fühlen sich in ihrer Leistungsfähigkeit beeinträchtigt. Im Sommer geben die Wetterämter sogar regelmäßig Ozonwarnungen heraus.
In der Medizin wurde Ozon vor allem zur Desinfektion eingesetzt, weil das aus 3 Sauerstoffatomen bestehende Gas zuverlässig Keime abtötet.
Heute wird seine bakterizide Wirkung vor allem in der Trinkwasseraufbereitung genutzt.
In der medizinischen Ozontherapie wird das Gas dem Blut zugefügt. Es werden aber auch Spülungen mit ozonisiertem Wasser vorgenommen.

Anwendungsgebiete

Erfahrene Anwender empfehlen die Ozontherapie bei arteriellen Durchblutungsstörungen, entzündlichen Magen-Darm-Erkrankungen, allergischen Erkrankungen, Migräne, Lebererkrankungen und zur Stärkung der Immunabwehr.

Methode

Die Anwender sehen in der Ozontherapie eine Reiztherapie, die den Sauerstoffgehalt im Blut erhöht. Dadurch wird der Zellstoffwechsel angeregt.

Bei der intravenösen Therapie nimmt der Arzt dem Patienten etwa 50ml Blut ab, das in einer sterilen Glasflasche mit einem Antigerinnungsmittel und einem Sauerstoff-Ozon-Gemisch aufgefangen wird. Das Ozon reagiert mit der Zellmembran der roten Blutkörperchen und sorgt dafür, daß diese mehr Sauerstoff an das umliegende Gewebe abgeben. Wahrscheinlich bewirkt das Ozon auch, daß die Zellmembranen der roten Blutkörperchen flexibler werden. Dadurch sind sie leichter verformbar und passen besser durch enge oder verstopfte Blutgefäße. Nach einiger Zeit wird das Blut wieder in den Körper des Patienten zurückgeleitet. Zu diesem Zeitpunkt enthält es kein Ozon mehr.

Wissenschaftlicher Nachweis

Die Ozontherapie gibt es seit Jahrzehnten und sie hat sich bei verschiedenen Krankheiten bewährt. Bis heute gibt es jedoch keine klinischen Studien, die diese Therapie eindeutig belegen.

In den letzten Jahren wurden wissenschaftliche Untersuchungen zur Biochemie durchgeführt. Diese Untersuchungen konnten zeigen, daß Ozon das Immunsystem beeinflußt, indem es weiße Blutkörperchen aktiviert.

Niveau der Ausbildung

Etwa 8000 Ärzte und Heilpraktiker arbeiten mit Ozon, nur etwa 600 von ihnen nehmen die Informationsangebote der „Ärztlichen Gesellschaft für Ozonanwendungen“ in Anspruch. Diese Ärztegesellschaft bietet Fortbildungen an und gibt das Ozon-Handbuch heraus, das Auskunft über den neuesten Stand der Forschung gibt.

Risiken und Gegenanzeigen

Der Eingriff in die Blutbahn ist risikoreich, weil auf diesem Weg Erreger direkt in den Körper gelangen können. Die Ozontherapie war des öfteren in den Schlagzeilen, nachdem Patienten schwere Gesundheitsschäden erlitten hatten. Es gab sogar Todesfälle.

Die Ärztegesellschaft spricht sich deshalb heute gegen eine direkte Injektion des Gases aus.

Weniger risikoreich ist die „große Eigenblutbehandlung“, die mit sterilem Einmalbesteck und ohne Gasdruck ausgeführt wird. Menschen mit Herzkrankheiten und Ozonallergiker sollten sich nicht mit dieser Methode behandeln lassen.

Kosten

Die große Eigenblutbehandlung kostet etwa 150 DM. Die Krankenkassen zahlen nicht.

TESTBEWERTUNG · OZONTHERAPIE

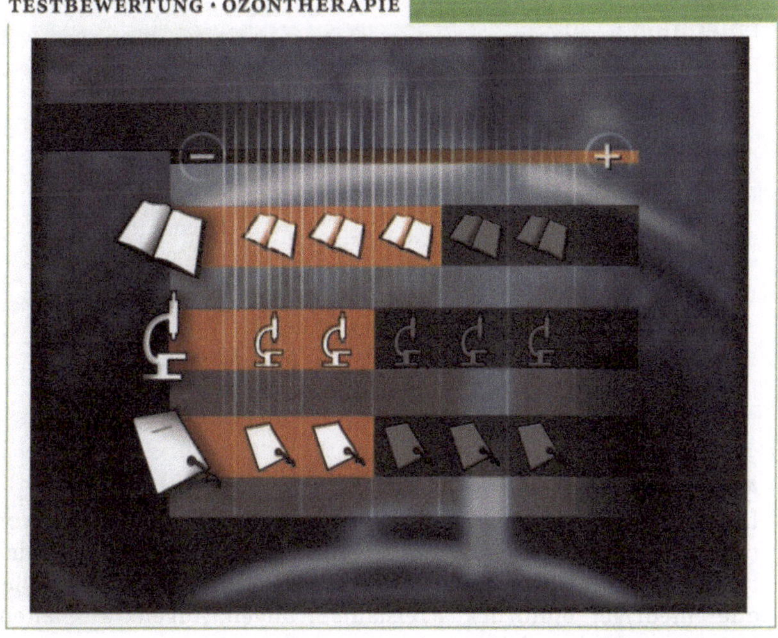

4.6 Sauerstoff-Mehrschritt-Therapie

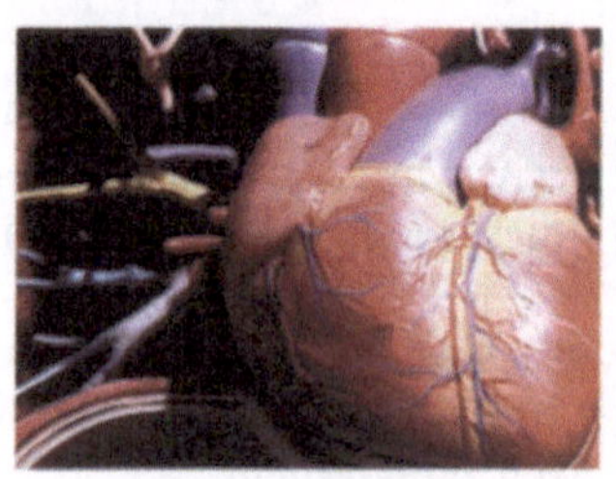

EINFÜHRUNG

1774 entdeckte der Engländer Josef Priestly ein farb- und geruchloses Gas: Sauerstoff. In medizinischen Kreisen gilt dieses Gas auch heute noch als Lebenselixier.
Für die Ärzte des 18. Jahrhunderts war Sauerstoff ein Allheilmittel gegen Krankheiten wie Asthma, Tuberkulose, zur Wundheilung und sogar gegen die Pest. Heute wird Sauerstoff vor allem in der Notfallmedizin eingesetzt.
Entwickelt hat die Sauerstoff-Mehrschritt-Therapie der weltweit anerkannte Physiker Manfred von Ardenne im Jahr 1978. Die Behandlung soll das Sauerstoffangebot und die Durchblutung im Körper verbessern.

Anwendungsgebiete

Die Sauerstoff-Mehrschritt-Therapie wird oft zur Vorbeugung von typischen Alterskrankheiten angewendet. Außerdem gehören zu den typischen Indikationen: arterielle Durchblutungsstörungen, hoher oder niedriger Blutdruck, Kreislaufstörungen, Augenkrankheiten, Migräne und Leberschäden.

Methode

Manfred von Ardenne stützte seine Theorie, die der Methode zugrunde liegt, auf eine physikalische Beobachtung. Er stellte fest, daß mit zunehmendem Alter der Druck sinkt, unter dem Sauerstoff im arteriellen Blut gelöst ist (Sauerstoffpartialdruck). Er schloß daraus, daß die Zellen nicht mehr ausreichend mit Sauerstoff versorgt werden, und der Mensch weniger leistungsfähig ist, weil die Organe nicht mehr richtig arbeiten können. Daraus entsteht ein Teufelskreis, denn in der Folge verengen sich die Gefäße, das Blut kann noch schlechter zirkulieren und die Sauerstoffversorgung des Körpers nimmt ab.

Die Sauerstoff-Mehrschritt-Therapie soll die verengten venösen Blutkapillaren erweitern und damit den Sauerstoffpartialdruck in den Arterien anheben, in den Venen senken.

Die Befürworter gehen davon aus, daß die Sauerstoff-Mehrschritt-Therapie einen Schaltmechanismus der Blutmikrozirkulation in Gang bringt. Indem der Patient reinen Sauerstoff inhaliert, schwillt die Zellauskleidung an den Innenwänden der Blutgefäße ab. Dadurch kann das Blut - und mit ihm natürlich der Sauerstoff - besser in das Gewebe und zu den einzelnen Organen gelangen. Die Zellen werden wieder besser mit Energie versorgt - das regt den Stoffwechsel an.

Die Sauerstoff-Mehrschritt-Therapie wird in 3 Behandlungsschritten durchgeführt: Zunächst erhält der Patient einen Medikamentencocktail, der die Sauerstoffausnutzung in den Zellen verbessern soll. Dieser Cocktail enthält Vitamine und Mineralstoffe. Dann inhaliert der Patient 41 Minuten lang Sauerstoff über eine Nasensonde. Dadurch wird der Sauerstoffpartialdruck erhöht. Zu der Therapie gehört auch ein tägliches Bewegungstraining, das den Kreislauf aktiviert.

Wissenschaftlicher Nachweis

Manfred von Ardenne hat als Physiker Weltruhm erlangt. Trotz seines guten Rufes wird sein Engagement für medizinische Therapieformen in Wissenschaftskreisen eher kritisch bewertet. Die Kritiker zweifeln weniger die physikalische Theorie an, die der Sauerstoff-Mehrschritt-Therapie zugrunde liegt. Sie zweifeln vielmehr an der medizinischen Wirksamkeit.

Die Anwender der Sauerstoff-Mehrschritt-Therapie bezeichnen die Therapie dagegen als wissenschaftlich belegt. Manfred von Ardenne hat eine Reihe von Arbeiten veröffentlicht, die – seiner Meinung nach – die Methode stützten. Sie behandeln allerdings hauptsächlich die Meßparameter des Sauerstoffpartialdrucks, weniger klinisch-therapeutische Gesichtspunkte. Kritiker führen die positive Wirkung auf einen Placebo-Effekt zurück, denn das „Lebenselexier Sauerstoff" genießt bei vielen Menschen einen hohen Stellenwert. Die Vorstellung Ardennes, daß die Sauerstoff-Mehrschritt-Therapie zur Vorbeugung bei nahezu allen Krankheiten wirken soll, läßt sich nicht belegen, weil solche Studien viel zu aufwendig wären.

Die Befürworter der Methode berufen sich auf eine Doktorarbeit, die 1996 an der Augenklinik der Freien Universität Berlin veröffentlicht wurde. Darin wurden 22 Patienten über einen Zeitraum von 6 Monaten untersucht. Diese Patienten litten an einer Netzhauterkrankung, die auf Durchblutungsstörungen der Netzhaut zurückzuführen war. Die Studie kam zu dem Ergebnis, daß die Durchblutung und die Sehkraft durch die Sauerstoff-Mehrschritt-Therapie anhaltend verbessert wurden.

Niveau der Ausbildung

Die Ärztegesellschaften bieten eine einheitlich geregelte Ausbildung an. Sie dauert nur einen Tag.

Risiken und Gegenanzeigen

Die Risiken der Therapie werden insgesamt als gering eingeschätzt. Patienten sollten sich jedoch gründlich untersuchen lassen, bevor sie sich einer Sauerstoff-Mehrschritt-Therapie unterziehen. Dabei sollte auch der Sauerstoffpartialdruck bestimmt werden.

Sauerstoff ist giftig. Wer zuviel von diesem Gas inhaliert, kann mit Übelkeit, Kopfschmerzen, Erbrechen oder Schwindel darauf reagieren. Patienten, die unter einer chronischen Sauerstoffunterversorgung leiden, können durch die Therapie in einen komaähnlichen Zustand geraten.

Darüber hinaus gibt es eine ganze Reihe von Krankheiten, bei denen die Therapie nicht angewendet werden sollte: bei fortgeschrittenen Lungenerkrankungen, Herz- oder Hirninfarkt, akutem arteriellen Extremitätenverschluß, aktiver Lungentuberkulose, Autoimmunerkrankungen, hochakuten allergischen Reaktionen und Epilepsie.

Kosten

Die Ärztegesellschaften empfehlen, die Therapie nach der Gebührenordnung für Ärzte abzurechnen. Demnach kostet eine Sitzung ca. 90 DM, eine 18tägige Kur etwa 1600 DM. Die Kosten trägt der Patient alleine, denn die Kassen zahlen nicht.

TESTBEWERTUNG · SAUERSTOFF-MEHRSCHRITT-THERAPIE

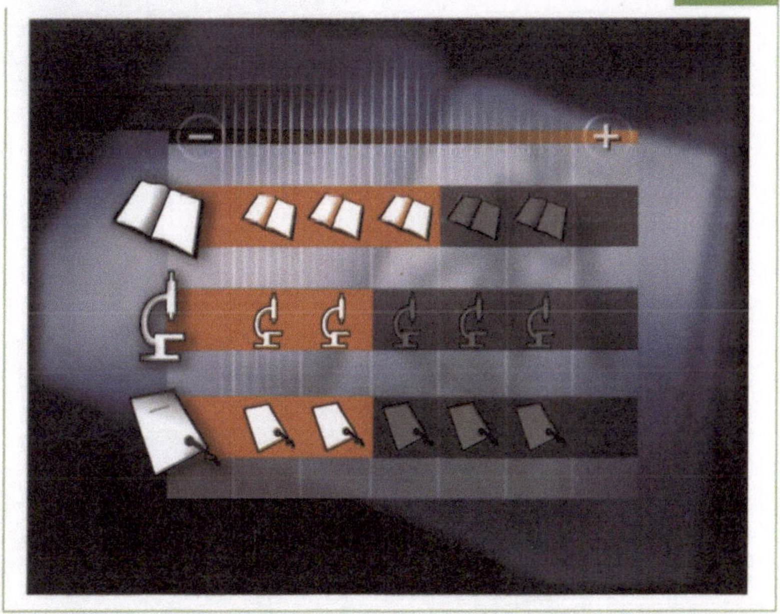

5

Alternative Heilmethoden

5.1 Aromatherapie

EINFÜHRUNG

Aromaöle haben Konjunktur, nicht erst seit heute. Schon die alten Ägypter setzten sie zur Behandlung von Krankheiten ein. Bis zur Entstehung der modernen Pharmazie waren duftende Heilkräuter und Öle die wichtigsten Wirkstoffe in der abendländischen Medizin. Sie spielten auch bei Götterkulten eine bedeutende Rolle.

Anwendungsgebiete

Die Aromatherapie verspricht vor allem Hilfe bei psychischen Problemen. Sie soll gegen Streß helfen, innere Unruhe beseitigen, Angst und Traurigkeit vertreiben.

Methode

Es gibt zahlreiche Erklärungsansätze, die sich teilweise recht stark unterscheiden. Viele Therapeuten sehen die ätherischen Öle schlicht als Medikamente. Andere erklären ihre Wirkung mit einem homöopathischen Ansatz.

In Deutschland ist die esoterische Sichtweise sehr verbreitet. Demnach hat jede Pflanze ihr eigenes Schwingungsmuster, das sich auch in den ätherischen Ölen der Pflanze wiederfinden läßt. Nicht die Inhaltsstoffe, sondern diese Schwingungsmuster sollen Krankheiten heilen.

Nach dieser Vorstellung hat auch jeder Mensch ein charakteristisches Energiemuster. Wenn der Mensch krank ist, ändert sich die Form seines Energiemusters. Die Energie des passenden ätherischen Pflanzenöls soll das Energiemuster des Kranken wiederherstellen können.

Aromatherapeuten versuchen, die passenden Essenzen für ihre Patienten in einem ausführlichen Beratungsgespräch zu bestimmen. Die Patienten riechen an einigen ausgewählten Essenzen. Wird ein Geruch als angenehm oder unangenehm empfunden, zieht der Therapeut Rückschlüsse auf die verborgenen Probleme der Hilfesuchenden.

Wissenschaftlicher Nachweis

Eine aktuelle Studie belegt die Macht der Düfte: Kunden bleiben in speziell bedufteten Räumen 20% länger und geben 5% mehr Geld aus. Die medizinische Forschung bietet ein Erklärungsmodell für den Einfluß der ätherischen Öle auf die Seel: Wenn die Düfte in das Geruchszentrum der Nasenschleimhaut dringen, aktivieren sie direkt den Geruchssinn im Gehirn. Das Riechhirn stimuliert dann benachbarte Gehirnzentren, die Hormone produzieren und Gefühle steuern. So kann Lavendelduft zum Beispiel beruhigend wirken und bei Streßgeplagten die Fähigkeit zur Entspannung fördern. Rosmarin hat die entgegengesetzte Wirkung. Rosmarin stimuliert das Nervensystem und unterstützt Aufmerksamkeit und Konzentration.

Niveau der Ausbildung

In Deutschland gibt es keine geregelte Ausbildung. Viele Aromatherapeuten beziehen ihr Wissen aus populären Ratgebern, die für Laien geschrieben sind. Die Qualität von Wochenendkursen in Volkshochschulen oder privaten Institutionen schwankt beträchtlich.

Risiken und Gegenanzeigen

Besonders empfindliche Menschen können auf den Aromaduft in Räumen mit Unwohlsein und Kopfschmerzen reagieren. Durch kräftiges Lüften lassen sich diese Probleme jedoch schnell beheben. Vorsicht ist bei der Einnahme von ätherischen Ölen geboten. Diese Essenzen sind konzentrierte Pflanzenchemie und nicht etwa harmlos, nur weil sie aus der Natur stammen. Wer ätherische Öle schlucken will, sollte das unbedingt mit einem Arzt besprechen.

Aromaöle sind in Mode und werden zur Zeit beinahe an jeder Straßenecke angeboten. Dabei handelt es sich oft um Öle von minderer Qualität. Solche naturidentischen Düfte werden chemisch hergestellt und können die Nasenschleimhaut reizen. Besser geeignet sind Öle, die zu 100% naturrein sind. Diese Öle werden z. B. in Apotheken verkauft.

Kosten

Ein Fläschchen Aromaöl ist für etwa 8 DM zu haben, Beratungsgespräche kosten 50 bis 80 DM. Die Kosten trägt der Patient allein, denn die Kassen zahlen nicht.

TESTBEWERTUNG · AROMATHERAPIE

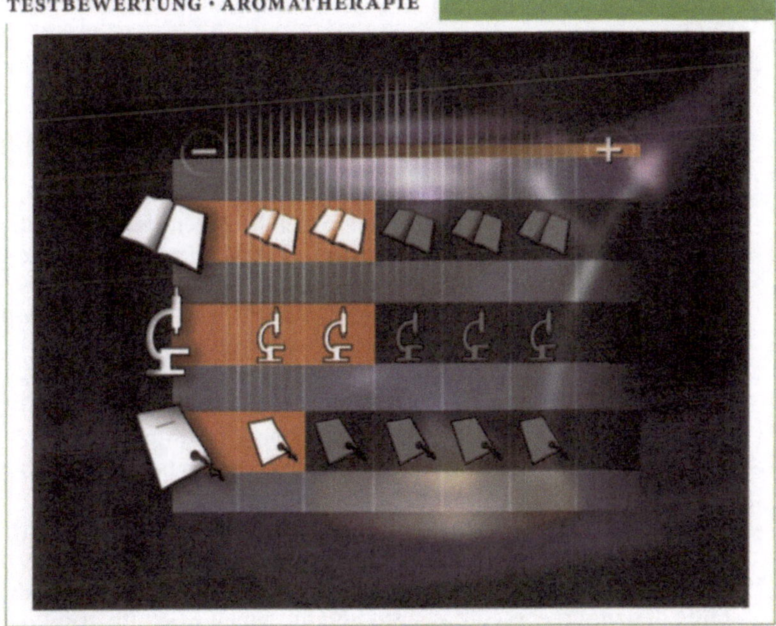

5.2 Ausleitende Verfahren

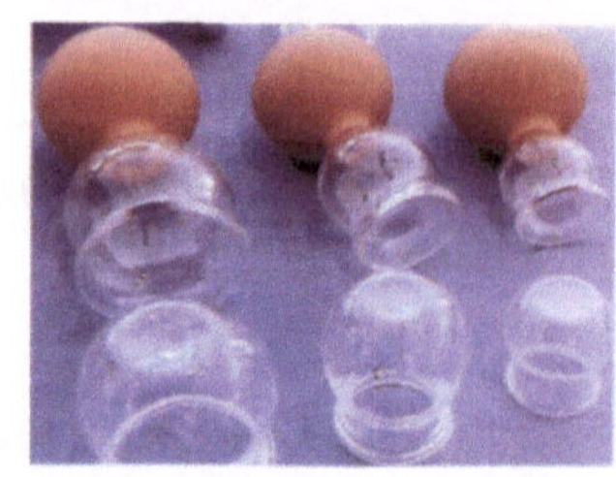

EINFÜHRUNG

Die Vorstellung, daß üble Säfte Krankheiten verursachen, war in der Volksmedizin weit verbreitet. Sie geht unter anderem auf Paracelsus zurück. Bis ins 20. Jahrhundert hinein setzten Ärzte auf recht handfeste Methoden, um diese üblen Säfte wieder aus dem Körper zu vertreiben: Aderlaß, künstlich hervorgerufenes Erbrechen und die Einnahme von Giften waren gängige Praxis.
Das änderte sich, als bahnbrechende Entwicklungen der naturwissenschaftlichen Medizin zu einem neuen Krankheitsbegriff führten. Von da an wurden diese Methoden als Vampirismus verunglimpft. Mitte des vergangenen Jahrhunderts schließlich wurde ihnen jede Wissenschaftlichkeit abgesprochen.
Vor knapp 40 Jahren wurden die alten Methoden dann wieder salonfähig - durch den Wiener Gynäkologen Bernhard Aschner. Er erkannte die Stärken der ab- und ausleitenden Verfahren und faßte das althergebrachte Wissen und die neuen Erkenntnisse auf diesem Gebiet in einem Buch über Konstitutionslehre zusammen. Aschner richtete seine Behandlung nicht nur auf das einzelne erkrankte Organ, sondern auch auf den gesamten Organismus. Mit seiner Therapieform wollte er den Körper von Verunreinigungen befreien, um die Selbstheilungskräfte zu stärken und dem Körper dabei zu helfen, seine innere Ordnung wiederzufinden.

Anwendungsgebiete

Ausleitende Verfahren werden angewendet bei Stoffwechselstörungen, Gefäßerkrankungen, Erkrankungen der inneren Organe, Durchblutungsstörungen, Bluthochdruck, Schmerzzuständen und Erkrankungen des Bewegungsapparates, z. B. Rheuma.

Methode

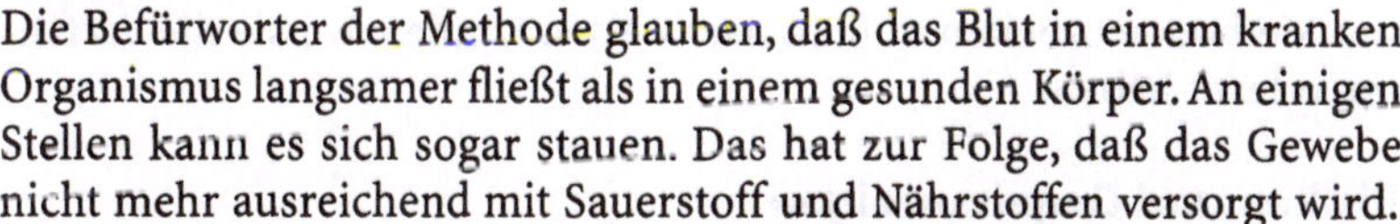

Die Befürworter der Methode glauben, daß das Blut in einem kranken Organismus langsamer fließt als in einem gesunden Körper. An einigen Stellen kann es sich sogar stauen. Das hat zur Folge, daß das Gewebe nicht mehr ausreichend mit Sauerstoff und Nährstoffen versorgt wird.

Die Befürworter der Therapie wollen solche Blutstauungen auflösen, indem sie künstliche Wunden erzeugen. Diese Wunden sollen die Fließeigenschaften des Blutes verbessern und die Produktion frischen Blutes anregen.

Dies geschieht beispielsweise mit Hilfe von Blutegeln. Blutegel besitzen 3 Kiefer, die mit scharfen Zähnen besetzt sind. Mit diesen Zähnen bohrt sich der Egel in die Haut und hinterläßt eine kleine Wunde in der Form eines 3strahligen Sterns. Diese Wunde blutet bis zu 24 Stunden lang nach, weil der Egel einen Wirkstoff (Hirudin) absondert, der die Blutgerinnung verhindert.

Nach dem gleichen Prinzip wirken auch der Aderlaß und das blutige Schröpfen.

Wissenschaftlicher Nachweis

Das Interesse der Wissenschaft an diesen Verfahren war bisher sehr gering. Es gibt nur wenige klinische Studien.

Der Aderlaß gilt aber bei einer bestimmten Erkrankung auch in der klassischen Schulmedizin als geeignete Therapie, nämlich bei der Hämochromatose. Bei dieser Krankheit ist der Eisenanteil im Blut zu hoch. Der hohe Eisenwert kann die Organe schädigen - deshalb wird das Blut durch einen Aderlaß entgiftet. Mit dem Blut wird auch Eisen aus dem Körper abgeleitet; die Folge: Der Eisenwert sinkt wieder auf einen Normalwert.

Dem blutigen Schröpfen liegt die Vorstellung zugrunde, daß die Körperoberfläche in verschiedene Reflexzonen aufgeteilt ist. Ähnlich wie bei einer Fußreflexzonenmassage soll der Reiz, den das Schröpfen in der Reflexzone ausübt, über die Muskulatur bis hinein in die inneren Organe wirken.

Niveau der Ausbildung

Eine verbindliche Ausbildungsordnung gibt es nicht. Das Bundesgesundheitsministerium hat aber Leitlinien für die Praxis herausgegeben, die allgemein empfohlen werden. Heilpraktiker und Ärzte, die mit diesen Methoden arbeiten, sollten nachweisen können, wo sie die Verfahren erlernt haben.

Risiken und Gegenanzeigen

Wie bei allen Therapieformen, die in die Blutbahn eingreifen, sind auch bei den ausleitenden Verfahren die Risiken verhältnismäßig hoch. Unsaubere Geräte können Keime übertragen, die zu Infektionen führen. Das gilt auch für die Blutegelbehandlung. Die Egel können Krankheiten übertragen, deshalb ist es wichtig, sie nur einmal anzusetzen.

In seltenen Fällen verheilen die Wunden schlecht. Dann bleiben Narben zurück.

Kosten

Ein Aderlaß kostet etwa 25 DM, das Ansetzen von Blutegeln schlägt mit ca. 12 DM pro Egel zu Buche, blutiges Schröpfen kostet rund 30 DM. Die Kosten trägt der Patient, denn die Krankenkassen zahlen nicht.

TESTBEWERTUNG · AUSLEITENDE VERFAHREN

5.3 Bach-Blütentherapie

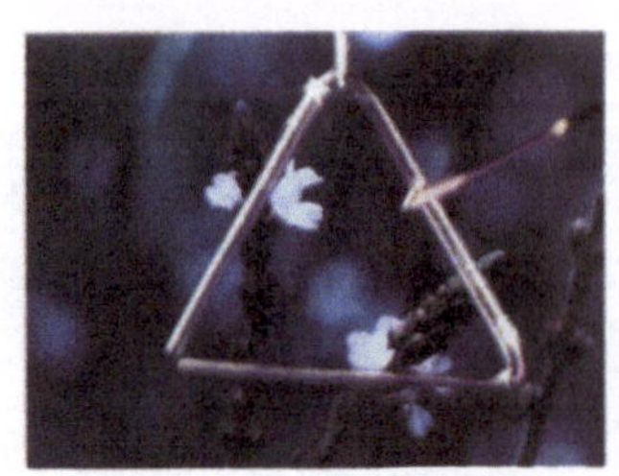

EINFÜHRUNG

Die Bach-Blütentherapie ist nach dem englischen Arzt Edward Bach benannt. Im Herbst 1928 fielen Edward Bach bei einer Wanderung durch Wales 2 Wildblumenarten auf, deren Wirkung er intuitiv erfaßte. Diese beiden Pflanzen waren der Anfang vieler weiterer Entdeckungen. Bach gab bald darauf seine schulmedizinische Praxis auf und zog in eine ländliche Umgebung. Durch regelmäßige Meditationen glaubte er, eine besondere Sensibilität für die Natur zu besitzen, die es ihm ermöglichte, eine Energieform wahrzunehmen, die andere Menschen nicht erfassen. In den folgenden Jahren entdeckte er 37 Blüten, die er 37 negativen Seelenzuständen zuordnete. Er war davon überzeugt, diese Seelenzustände mit seinen hochverdünnten Blütenessenzen positiv beeinflussen zu können.

Anwendungsgebiete

Die Bach-Blütentherapie wird oft als begleitende Therapie eingesetzt. Die Anwendung ist sinnvoll bei psychischen Verstimmungen, Schlafstörungen, Herz-Rhythmus-Störungen oder somatischen Erkrankungen, die sich stimmungsabhängig verschlechtern oder verbessern können (Neurodermitis, Rheuma etc.).

Methode

Viele der Pflanzen, die in der Bach-Blütentherapie eingesetzt werden, haben eine lange Tradition als Heilpflanze. Trotzdem spielen die Inhaltsstoffe bei dieser Anwendung keine Rolle. Edward Bach glaubte, feine Schwingungen der Blüte könnten heilsam auf die Seele wirken.

Die Blüten werden nach festgelegtem Ritual geerntet, in Quellwasser gelegt und dem Sonnenlicht ausgesetzt. Während dieses Prozesses sollen sie ihre Schwingungsenergie auf das Wasser übertragen.

Die 37 Blütenessenzen sollen 37 verschiedene Gemüts- und Seelenzustände positiv beeinflussen können, z. B. Hoffnungslosigkeit, Eifersucht oder Ungeduld. Mit den 37 Blüten und einer Notfallmischung (Rescue-Tropfen) hielt Edward Bach sein System für abgeschlossen. Er hat die Theorie seiner Methode und die Einteilung der Blüten in mehreren Werken ausführlich dargelegt.

Die passenden Blüten finden ein Therapeut oder Arzt durch ein intensives Gespräch mit dem Patienten. Die Blütenmischung kann aber auch durch andere Verfahren wie z. B. die Elektroakupunktur bestimmt werden.

Wissenschaftlicher Nachweis

Die Bach-Blütentherapie ist weit verbreitet. Therapeuten und Patienten berichten übereinstimmend von Erfolgen, es gibt viele Einzelfallschilderungen.

Eine seriöse Feldstudie wurde bisher nur an der Frauenklinik in Duisburg durchgeführt. Dort wurden 205 Gebärende in 2 Gruppen eingeteilt. Die eine Gruppe erhielt eine spezielle Blütenmischung gegen Angst, Schmerzen und Krämpfe, die sogenannten Rescue- oder Notfalltropfen. Die Kontrollgruppe erhielt ein wirkungsloses Scheinmedikament. Das Ergebnis: Frauen, die keine Rescue-Tropfen erhielten, brauchten genauso viele Schmerzmedikamente wie die werdenden Mütter, welche die Notfalltropfen eingenommen hatten. Auch der Muttermund öffnete sich in beiden Gruppen gleich schnell oder gleich langsam. In beiden Gruppen hatten die Frauen nicht das Gefühl, daß die Tropfen - ob Notfalltropfen oder Scheinmedikament - einen Einfluß auf ihre Empfindungen gehabt hätten.

Niveau der Ausbildung

In Hamburg gibt es ein Bach-Blütenzentrum. Dort werden Seminare veranstaltet. Verbindliche Ausbildungsvorschriften gibt es jedoch nicht. Viele Menschen stellen sich ihre Bach-Blütenmischung selbst zusammen und verzichten auf ärztlichen oder therapeutischen Rat. Ein standardisierter Fragebogen kann dabei helfen, die richtigen Blüten zu ermitteln.

Unter naturheilkundlich orientierten Ärzten und Heilpraktikern ist die Bach-Blütentherapie weit verbreitet. Viele haben ihr Wissen im Selbststudium erworben.

Risiken und Gegenanzeigen

Für die Anhänger der Bach-Blütentherapie gibt es keine Risiken, da die Essenzen ausschließlich positive Energien tragen. Bei gravierenden psychischen Problemen sollten sich Patienten aber nicht allein auf die Bachblüten verlassen. Bei schwerwiegenden Erkrankungen sollte ein Arzt aufgesucht werden.

Kosten

Wer sich selbst mit den Essenzen behandeln will, kann den kompletten Blütensatz für etwa 300 DM kaufen, einzelne Fläschchen kosten etwa 8 DM. Eine Sitzung beim Bach-Blütentherapeuten kostet zwischen 50 und 100 DM. Die Kassen zahlen nicht.

TESTBEWERTUNG • BACHBLÜTENTHERAPIE

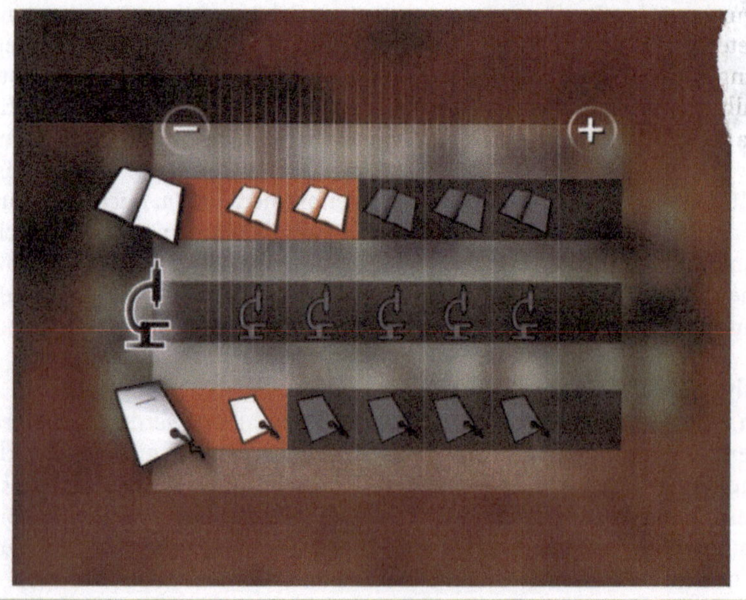

5.4 Eigenurintherapie

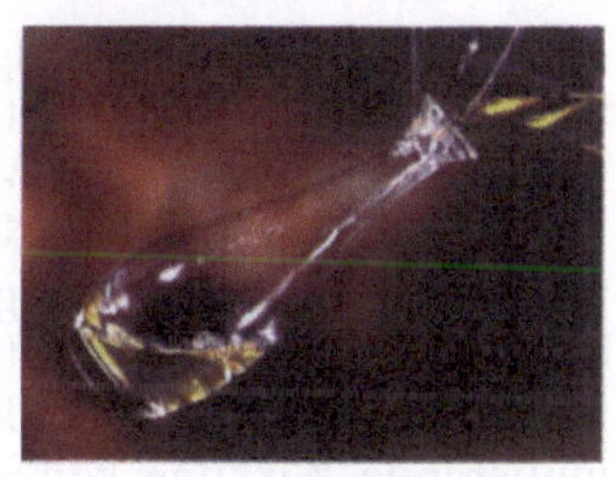

EINFÜHRUNG

Urin hat in der Geschichte der Medizin eine 4000 Jahre alte Tradition. Indische Yogis schätzten den besonderen Trank als Lebensverlängerer. In asiatischen Ländern gilt der Urin eines anderen Menschen oder der eines Tieres auch heute noch als Mittel gegen viele Krankheiten. Auch Hippokrates setzte auf Urin. Der namhafte Arzt hielt Harn für ein wirksames Mittel gegen Geschwüre, Augenleiden, Schlangenbisse und Tollwut.
Urin besteht aus mehreren tausend Inhaltsstoffen und bildet einen vielseitigen Cocktail, vielleicht den natürlichsten Cocktail der Welt.
Übrigens hat jeder Mensch schon einmal in seinem Leben Urin getrunken - zu der Zeit nämlich, als er noch im Mutterleib war. Die Flüssigkeit wird in das Fruchtwasser ausgeschieden und später verdünnt wieder eingenommen.

Anwendungsgebiete

Die Eigenurintherapie kann eingesetzt werden bei akuten und chronischen Infektionen, Allergien, Hauterkrankungen und zur Stimulation des Immunsystems.

Methode

Die Befürworter der Therapie glauben, der Urin eines Menschen spiegele seinen körperlichen und geistigen Zustand wider. Die Anhänger sehen im Urin kein Abfallprodukt, sondern Blut, das von der Niere gefiltert wurde. Sie machen darauf aufmerksam, daß Urin noch eine ganze Reihe von verwertbaren Inhaltsstoffen enthält. Der Eiweiß,

Mineralstoff- und Harnstoffgehalt soll positive Effekte auf den Organismus haben, die aber nicht näher benannt werden können.

Wahrscheinlich sind alle Wirkungen der Eigenurintherapie auf eine Reaktion des Immunsystems zurückzuführen. Ob die Eigenurintherapie das Abwehrsystem anregt oder das Immunsystem beschwichtigt, konnte bislang nicht geklärt werden. Die beschwichtigende Wirkung wird bei Autoimmunerkrankungen oder Allergien diskutiert, die stimulierende Wirkung kommt bei chronischen Erkrankungen und Infekten in Frage. Auch eine direkte Wirkung auf die Darmschleimhaut und das damit verbundene Immunsystem wird diskutiert.

Wissenschaftlicher Nachweis

Es gibt keine moderne Studie, welche die Wirkung der Eigenurintherapie untersucht. Bisherige Untersuchungen beschränken sich auf die Wirkung einzelner Inhaltsstoffe des Harns wie Proteine und Immunglobuline. Es sind viele Einzelfälle dokumentiert, die der Therapie große Erfolge zuschreiben, doch die wissenschaftlichen Nachweise dafür fehlen.

Niveau der Ausbildung

Es gibt keine verbindliche Ausbildungsordnung. Viele Menschen probieren die Eigenurintherapie ohne ärztlichen Rat aus, nachdem sie Bücher zu diesem Thema gelesen haben. Wer sich für diese Behandlung entscheidet, sollte aber vorher in jedem Fall mit einem erfahrenen Arzt oder Heilpraktiker sprechen.

Risiken und Gegenanzeigen

Wenn man die Grundsätze beachtet, die die Befürworter der Therapie empfehlen, sind die Risiken gering. Nicht empfohlen wird die Therapie bei allen Krankheiten, die sich auf die Zusammensetzung des Urins auswirken können, also bei Diabetes, Nierenversagen und einigen Formen des Bluthochdrucks.

Kosten

Einheitliche Abrechnungstarife sind nicht bekannt. Die Krankenkassen beteiligen sich nicht.

TESTBEWERTUNG · EIGENURINTHERAPIE

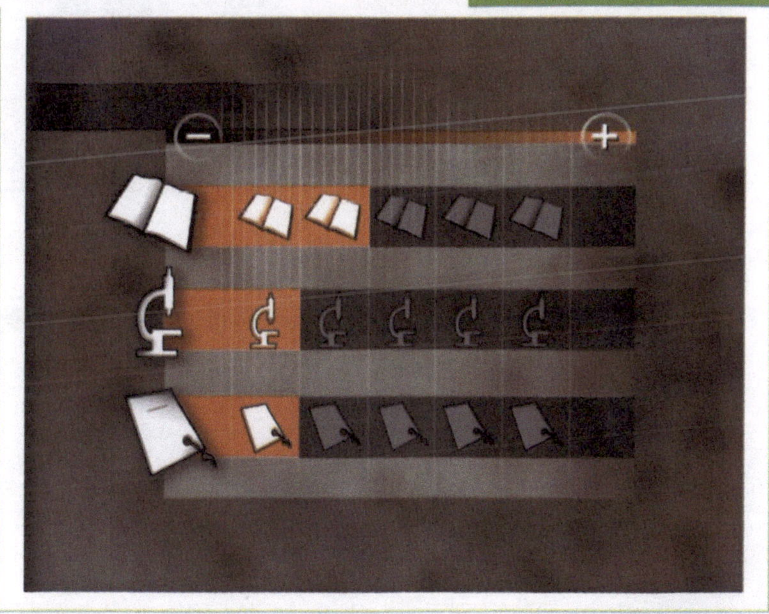

5.5 Fußreflexzonentherapie

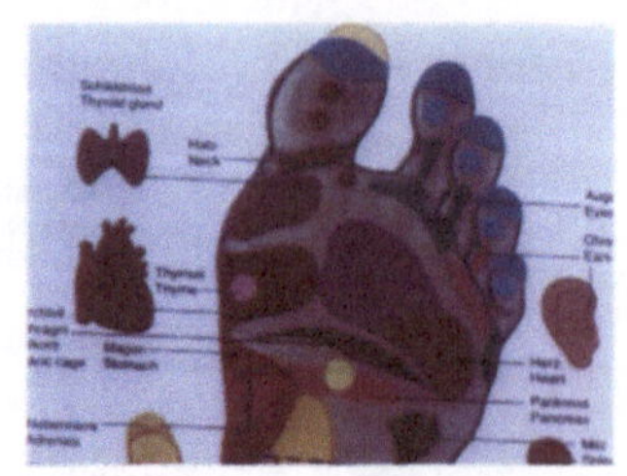

EINFÜHRUNG

Reflexzonen sind Hautregionen, die einen Reiz zu bestimmten Organen im Körperinnern weiterleiten können. Unter den Reflexzonenmassagen ist die am Fuß heute die, die am weitesten verbreitet ist.
Schon in der indianischen Volksmedizin war bekannt, daß bestimmte Bereiche am Fuß einen Bezug zu anderen Körperregionen haben. Anfang des 20. Jahrhunderts sammelte W. Fitzgerald diese Überlieferung und verbreitete sie, zusammen mit der amerikanischen Masseurin E. Ingham, in den USA. In den 60er Jahren holte die Heilpraktikerin Hanne Marquardt diese Methode nach Deutschland.

Anwendungsgebiete

Die Fußreflexzonentherapie wird eingesetzt bei Verspannungen, Haltungsschäden, Schnupfen, Verdauungsstörungen und Kopfschmerzen.

Methode

Für Fußreflexzonentherapeuten ist der Fuß ein Mikrokosmos - eine Welt für sich, die den Körper mit all seinen Funktionen abbildet. Nach dem Prinzip „pars pro toto" - der Teil für das Ganze - glauben sie, daß sich jeder Körperteil in der Fußsohle wiederfinden läßt.

Zu Beginn des 20. Jahrhunderts teilte der Amerikaner Fitzgerald den Körper in 2mal 5 Längszonen auf, um die Zusammenhänge zwischen den Füßen und anderen Körperbereichen deutlich zu machen. So entstand ein willkürliches, aber gleichmäßiges Rasterbild des Körpers. Nach dieser Theorie sind alle Organe, Gewebe und Systeme, die im

Körper an einer solchen Längszone liegen, am Fuß wie auf einer Landkarte wiederzufinden. Diese Landkarte besteht für Reflexzonentherapeuten pro Fuß aus über 100 Punkten.

Auch die mitmenschliche Berührung und der persönliche Kontakt zwischen Therapeut und Patient sollen für die positive Wirkung verantwortlich sein.

Wissenschaftlicher Nachweis

Für das Wirkprinzip der Reflexzonenmassage am Fuß gibt es noch keinen wissenschaftlichen Beweis. Unbestritten sind dagegen die reflektorischen Zusammenhänge in anderen Körperregionen.

Bei einer schweren Angina, die das Herz angreift, strahlt der Schmerz weit über die Herzregion hinaus. Das gleiche ist bei einer Entzündung der Bauchspeicheldrüse zu beobachten. Auch nach einer Gallenkolik treten solche Parallelschmerzen auf, weil das entsprechende Organ und die umliegenden Hautbezirke vom selben Rückenmarknerv versorgt werden. Für die Reflexzonenmassage am Fuß konnten diese Zusammenhänge noch nicht nachgewiesen werden.

Niveau der Ausbildung

Eine verbindliche Ausbildungsordnung gibt es nicht. Die Lehrstätte der Begründerin Hanne Marquardt bietet Heilpraktikern eine Weiterbildung an, die 3 Intensivkurse mit 110 Unterrichtsstunden umfaßt. Seit Ende 1993 gehört die Reflexzonentherapie am Fuß zum offiziellen Ausbildungsprogramm für staatlich geprüfte Krankenschwestern und Masseure.

Risiken und Gegenanzeigen

Bei sachgemäßer Therapie ist die Reflexzonentherapie risikolos. Sie sollte nicht angewendet werden bei Erkrankungen mit hohem Fieber, bei Psychosen oder schmerzhaften Erkrankungen des Fußes.

Kosten

Eine Behandlung kostet etwa 50 DM. Die Krankenkassen zahlen nicht.

TESTBEWERTUNG · FUSSREFLEXZONENTHERAPIE

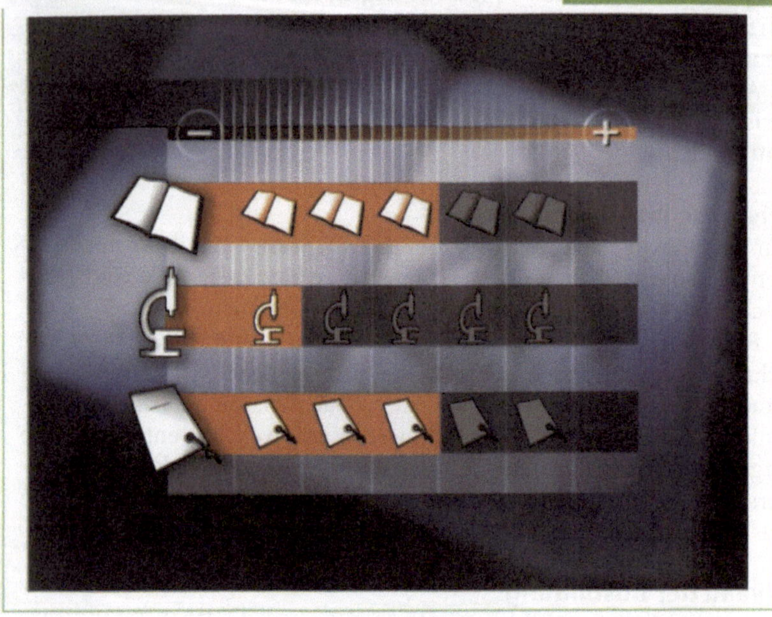

5.6 Trennkost nach Hay

EINFÜHRUNG

Die Trennkost nach Hay geht auf den amerikanischen Rheumaspezialisten Dr. Howard Hay zurück. Anfang der 20er Jahre erkrankte er an einer schweren unheilbaren Nierenkrankheit. Hay war damals gerade 41 Jahre alt. Er wollte sich mit diesem Urteil nicht abfinden. Bei seiner Suche nach einer Behandlungsmethode stieß er auf den Bericht eines britischen Militärarztes, der die Lebensweise eines Volkes im Nordwesten Kanadas schilderte. Diese „Hunzas" ernährten sich ausschließlich von naturbelassenen Lebensmitteln, sämtliche Zivilisationskrankheiten waren bei diesen Menschen unbekannt.
Howard Hay stellte seine Ernährung daraufhin grundlegend um. Er ernährte sich nur noch von naturbelassenen Nahrungsmitteln. Innerhalb von 3 Monaten besserten sich seine Symptome, und er wurde wieder gesund. Von da an ernährte er sich nicht nur selbst nach dieser Methode, sondern gab sie auch an viele Patienten weiter.
In Deutschland wurde diese Ernährungsform durch Dr. Heinrich Ludwig Walb bekannt. Er hatte die Bücher Hays studiert und dieser Diät den Namen „Trennkost" gegeben.

Anwendungsgebiete

Die Trennkost nach Hay zielt auf eine grundlegende Ernährungsumstellung. Deshalb wird sie bei typischen Zivilisationskrankheiten wie Übergewicht, Rheuma, Nierenerkrankungen und Diabetes eingesetzt. Mit der Trennkost nach Hay kann man diesen Krankheiten auch vorbeugen.

Methode

Die Trennkost nach Hay setzt auf eine fleischarme Ernährung mit viel frischem Gemüse, Salat, Obst und Milchprodukten. Die Nahrungsmittel werden allerdings in 3 Gruppen eingeteilt, die nicht beliebig miteinander kombiniert werden dürfen.

Überwiegend eiweißhaltige Nahrungsmittel wie Milch, Käse, Fisch, Tofu oder Fleisch bilden die „Eiweißgruppe". Überwiegend kohlenhydrathaltige Lebensmittel wie Getreide, Brot, Nudeln, Kartoffeln oder Süßwaren ordnete Dr. Hay der „Kohlenhydratgruppe" zu.

Die Nahrungsmittel aus diesen beiden Gruppen dürfen bei der Trennkost nach Hay nur zeitlich versetzt, nicht aber in einer Mahlzeit gegessen werden. Man darf sie aber mit Lebensmitteln aus der sogenannten „Neutralen Gruppe" kombinieren. Zu dieser Gruppe zählen Gemüse, Fette und Sauermilchprodukte.

Dr. Hay glaubte erkannt zu haben, daß sich die Verdauung verzögert, wenn Eiweiße und Kohlenhydrate gemeinsam verzehrt werden. Zur Begründung führte er an, Eiweiße und Kohlenhydrate brauchten bei der Verdauung verschiedene Bedingungen, die sich wechselseitig behinderten. Eiweiße werden im sauren Milieu des Magen verdaut. Die Kohlenhydratverdauung geschieht im Mund oder im Dünndarm unter leicht basischen Bedingungen.

Nach der Trennkosttheorie können die Enzyme nicht optimal wirken, wenn Kohlenhydrate und Eiweiße gemeinsam verzehrt werden. Zuviele Nahrungsbestandteile gelangen, so die Argumentation, bei dieser gemischten Verdauung unverdaut in den Magen-Darm-Trakt und führen nach einer Mahlzeit zu Völlegefühlen und Müdigkeit.

Die Lösung besteht für die Anhänger der Methode darin, die Nahrung zu trennen. Nach ihrer Vorstellung können die Bestandteile optimal verdaut werden, wenn eine Mahlzeit überwiegend aus Kohlenhydraten oder überwiegend aus Eiweißen besteht.

Wissenschaftlicher Nachweis

Es gibt keine wissenschaftlichen Studien, die die Trennkosttheorie stützen. Trotzdem sind einige Erfolge, die mit dieser besonderen Kostform erzielt wurden, unumstritten. Bei den meisten Patienten sinkt der Cholesterinspiegel, weil sie bei dieser Ernährungsform weniger Fleisch und tierische Fette zu sich nehmen. Übergewichtige Menschen können auf diesem Weg ihr Gewicht reduzieren, weil sie in der Regel weniger Kalorien aufnehmen.

Ernährungswissenschaftler führen die positive Wirkung der Trennkost nach Hay auf den hohen Anteil an naturbelassenen Lebensmitteln zurück. Diese Kostform stimmt weitgehend mit den Empfehlungen für eine vollwertige Ernährung überein. Die positiven Auswirkungen der Trennkost decken sich mit den Ergebnissen, die durch eine Ernährungsumstellung auf Vollwertkost erzielt werden können.

Es gibt bisher keinen Nachweis, daß sich die gleichzeitige Verdauung von Kohlenhydraten und Eiweißen wirklich stören. Die meisten Lebensmittel, die die Natur zur Verfügung stellt, enthalten ohnehin beide Bestandteile. Das menschliche Verdauungssystem ist also darauf eingerichtet, ein Nahrungsgemisch zu verdauen. Die Unterschiede im Verdauungsmilieu werden durch körpereigene Puffersysteme ausgeglichen.

Niveau der Ausbildung

Eine geregelte Ausbildung gibt es nicht. Kurse in Trennkost nach Hay werden von Volkshochschulen oder Ernährungsberatern angeboten. Da es viele Bücher zu diesem Thema gibt, ist es recht einfach, sich die Prinzipien selbst anzueignen und die Methode auszuprobieren. Wer die Hilfe von Ernährungsberatern oder Diätassistenten in Anspruch nimmt, sollte auf den Nachweis einer qualifizierten Ausbildung achten.

Risiken und Gegenanzeigen

Die Trennkost nach Hay orientiert sich an den Grundregeln der Vollwertkost. Eine vollwertige Ernährung wird von Institutionen wie der „Deutschen Gesellschaft für Ernährung“ empfohlen. Deshalb gibt es auch bei der Trennkost nach Hay praktisch keine Risiken. Diese Diät kann auch über längere Zeit ohne Mangelerscheinungen durchgeführt werden. Die Trennung in Kohlenhydrat- und Eiweißmahlzeiten kann aber dazu verleiten, übermäßig viel Fett und tierisches Eiweiß zu sich zu nehmen. Die Ernährungsumstellung ersetzt nicht den Arztbesuch. Menschen, die unter Stoffwechselstörungen oder Diabetes leiden, sollten ihre Ernährung nur in Absprache mit einem Arzt umstellen.

Kosten

Eine Ernährungsberatung kostet als Einzelberatung zwischen 35 und 50 DM. Die Trennkost nach Hay wird in einigen Kliniken angeboten. Wenn es sich um ein Vertragskrankenhaus handelt, sind die Kosten über den Pflegesatz abgedeckt.

TESTBEWERTUNG • TRENNKOST NACH HAY

5.7 Kinesiologie

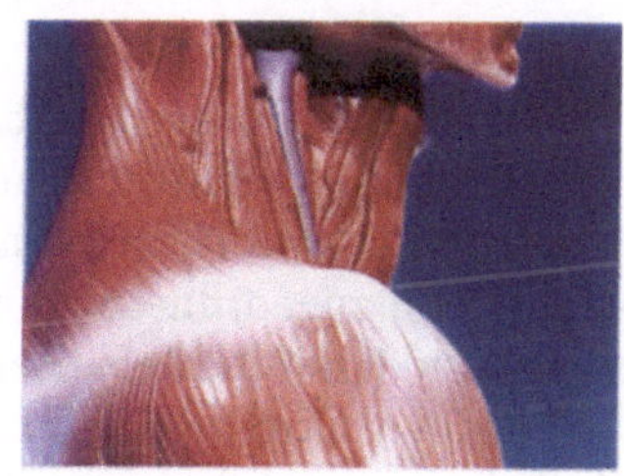

EINFÜHRUNG

Der amerikanische Arzt, Physiotherapeut und Chiropraktiker George Goodheart entdeckte in den 60er Jahren, daß sich die Stärke eines manuell getesteten Muskels ändert, wenn der Patient eine bestimmte Zone seines Körpers berührt. Er schloß daraus, physische und psychische Vorgänge im Menschen würden sich auch im Funktionszustand seiner Muskeln spiegeln. Goodheart entdeckte darin eine körpereigene „Feedbackschleife" und entwickelte aus dieser Beobachtung die angewandte Kinesiologie (AK), ein Diagnoseverfahren, das sich an der Reflexzonentherapie, der Osteopathie und dem Meridiansystem der chinesischen Medizin orientiert.
In den USA hat sich die Kinesiologie in verschiedene Schulen weiterentwickelt. In Deutschland bekannt wurden: „Touch for Health" (Heilen durch Berühren), „Edukinesthetik" (Bewegungspädagogik) und „Brain Gym" (Gehirngymnastik).

Anwendungsgebiete

Bei der angewandten Kinesiologie handelt es sich um ein reines Diagnoseverfahren. Die Befürworter glauben, daß sie mit Hilfe des Muskeltests passende Arzneimittel, Zahnersatzstoffe (Kronen- und Füllungsmaterialien) und Nahrungsmittelallergien austesten zu können. Touch for Health zielt auf einen Energieausgleich im Körper und soll vor allem zur Vorbeugung und zur Gesunderhaltung dienen.

Methode

Die Methode orientiert sich an der Philosophie der traditionellen chinesischen Medizin. Danach kann in einem gesunden Körper die Lebensenergie „Chi“ ungehindert fließen. Die Organe sind einzelnen Meridianen zugeordnet. Bei einer Akupunktur werden die Meridiane stimuliert, damit die Lebensenergie in den Organen frei fließen kann.

Die Kinesiologen gehen noch einen Schritt weiter und beziehen die Muskeln in dieses System mit ein. Ist ein Organ gesund, ist der Muskel für sie eingeschaltet und entsprechend kräftig. Krankheit dagegen schwächt den Muskel. Die Kinesiologen testen diese Muskelstärke oder -schwäche und ziehen aus dem Ergebnis Rückschlüsse auf den Gesundheitszustand.

Die Kinesiologen gehen davon aus, daß der menschliche Organismus weiß, was ihm gut tut, hilft, fehlt oder stört. Über ein „Feedbacksystem“, bei dem Muskel getestet werden, wird der Körper dazu direkt befragt. Solche Fragen lauten z. B.: „Soll ein Akupunkturpunkt stimuliert werden? Ist ein homöopathisches Mittel hilfreich für den Patienten? Ist ein Nahrungsmittel günstig für den Betroffenen?“

Erst nach dieser Befragung erhält der Patient das passende Medikament. Dieses Medikament wird jedoch nicht gleich eingenommen, sondern nur in den Mund gelegt, z. B. Globuli, ein homöopathisches Arzneimittel. Hat der Arzt oder Therapeut das richtige Medikament gefunden, ist der Muskel, der beim ersten Test schwach war, jetzt wieder stark. Dann nimmt der Patient das Medikament ein, wenn nötig über einen längeren Zeitraum.

Wissenschaftlicher Nachweis

Bisher wurde keine eindeutige Methode gefunden, die die Reaktion des Muskels im manuellen Test messen und damit objektivieren könnte. Für die Befürworter ist das auch nicht anders zu erwarten, denn der Muskeltest bezieht sich aus ihrer Sicht nicht auf absolute Kraft. Sie testen, ob das Rückkopplungssystem in Ordnung ist - ein Wert, der streng wissenschaftlich nicht zu bestimmen ist.

Bei den wissenschaftlichen Studien zeigt sich ein sehr diffuses Bild. Es gibt Studien, die die diagnostische Bedeutung des Muskeltests belegen und solche, die sie widerlegen. Die meisten Studien, welche die Wirksamkeit belegen, stammen aus den USA, wo die Methode entwickelt wurde. Dort konnte z. B. in einer Doppelblindstudie gezeigt werden, daß bei einem Muskeltest die Übereinstimmung zwischen zwei Testern über 80% beträgt. An der Universitätsklinik in Hamburg versagte dagegen die Diagnosemethode nach Scott. Kinesiologen waren nicht in der Lage, eine schulmedizinisch nachgewiesene Bienengiftallergie mit Hilfe des Muskeltests aufzudecken.

Niveau der Ausbildung

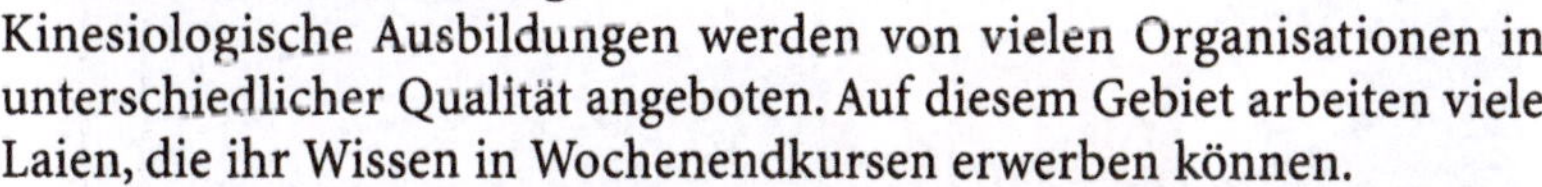

Kinesiologische Ausbildungen werden von vielen Organisationen in unterschiedlicher Qualität angeboten. Auf diesem Gebiet arbeiten viele Laien, die ihr Wissen in Wochenendkursen erwerben können.

Eine an der Schulmedizin orientierte, fundierte Ausbildung bietet eine internationale Ärztevereinigung, das „International College of Applied Kinesiology". Hier können sich nur Ärzte einschreiben. Wer ein Diplom erwerben will, muß 300 Ausbildungsstunden absolvieren und 2 Forschungsarbeiten zum Thema veröffentlichen.

Bei einer anderen Gesellschaft, dem „Institut für angewandte Kinesiologie", erhalten die Lehrgangsteilnehmer nach 15 Tagen Ausbildung die Erlaubnis, Fortbildungen anzubieten.

Risiken und Gegenanzeigen

Die Kinesiologie wird oft von Laien erlernt, die die Methode an sich selbst und anderen anwenden. Wer sich aber nur auf dieses Diagnoseverfahren verläßt, läuft Gefahr, daß schwere Krankheiten nicht erkannt werden. Viele Ärzte verwenden die Methode als zusätzliches Diagnoseverfahren und schließen solche schweren Erkrankungen durch Laboruntersuchungen aus.

Die größten Fehlerquellen dieser Methode liegen in einem voreingenommenen Untersucher, sei es ein Arzt, ein Therapeut oder ein Laie, der in dem Test seine Vorurteile bestätigt oder seine Patienten manipuliert.

Kosten

Bei einem Arzt kostet eine Behandlung nach ausführlichem Erstgespräch etwa 70 bis 120 DM pro Stunde. In der Regel schließen sich 3-8 weitere Behandlungen an, die Kassen zahlen nicht.

TESTBEWERTUNG • KINESIOLOGIE

5.8 Mikrobiologische Therapie

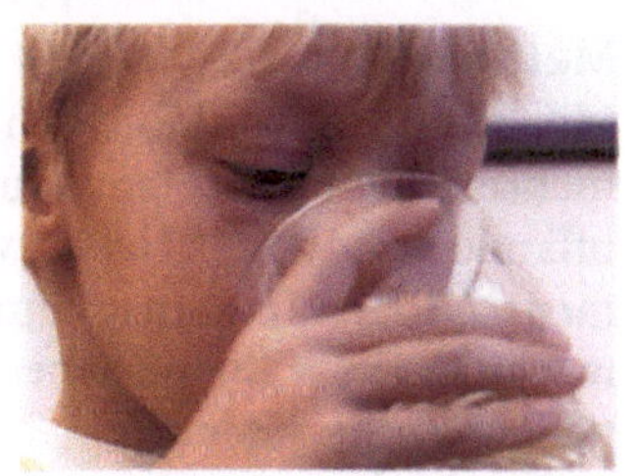

EINFÜHRUNG

Viele Menschen verbinden mit Bakterien Schmutz, Ekel und Krankheit. Doch in Wirklichkeit könnte der Mensch ohne die Hilfe dieser kleinen Einzeller nicht lange überleben. Bakterien schützen die Haut, helfen bei der Verdauung und liefern Vitamine, die der Mensch nicht selbst produzieren kann. Die Bakterien im Darm regen das unspezifische Immunsystem an.

Die Darmbakterien ernähren sich von unserem Nahrungsbrei. Eine Zusammenarbeit mit sinnvollem Nutzen für beide Partner bezeichnen Biologen als „Symbiose“. Deshalb trug diese Therapie früher den Namen Symbioselenkung. Ursprünglich versuchte man mit dieser Therapie, ähnlich wie bei einer Impfung, für den Menschen günstige Darmbakterien „auszusäen“. Die Patienten wurden dazu mit Suspensionen abgetöteter oder abgeschwächter Bakterien behandelt. Doch dieses Wirkprinzip konnte sich nicht bestätigen. Die positive Wirkung dieser Therapie wird deshalb heute überwiegend auf die Stimulation des Immunsystems zurückgeführt, denn die meisten Abwehrzellen des menschlichen Organismus halten sich im Darm auf.

Anwendungsgebiete

Die mikrobiologische Therapie wird empfohlen bei Allergien, Magen-Darm-Störungen, Hautkrankheiten, Immunschwäche, nach einer Antibiotikabehandlung und bei Pilzinfektionen des Darms (Candida).

Methode

Mikroorganismen besiedeln in unterschiedlicher Dichte und Zusammensetzung die Schleimhäute der Verdauungs-, Atmungs- und Fortpflanzungsorgane. Heute wird angenommen, daß über 85% des menschlichen Immunsystems den Schleimhäuten (Mukosa) zuzuordnen sind. Diese Keime haben also ständigen Kontakt mit diesem wichtigen Abwehrsystem.

Das Mukosa-Immunsystem wird von seiner Bakterienflora beeinflußt. Vor allem das ausgedehnte Immunsystem des Darms wird durch die zahlreichen Mikroorganismen der Darmflora ständig angeregt. Die Befürworter der Methode glauben, daß diese natürliche Flora eine Art Trainingseffekt auf das Immunsystem ausübt.

Krankheit entsteht nach dieser Vorstellung, wenn die Bakterienflora im Darm nicht mehr optimal zusammengesetzt ist. Man spricht von einer „Dysbiose". Durch abgeschwächte Bakteriensuspensionen soll der Trainingseffekt einer gesunden Darmflora nachgeahmt und eine gesunde Darmflora wieder hergestellt werden.

Am Anfang der Behandlung steht die Analyse der Darmflora. Dazu wird eine Stuhlprobe des Patienten untersucht. Wenn diese Probe sehr ungünstige Keime aufweist, werden im ersten Schritt alle krankheitserregenden Bakterien aus dem Darm vertrieben. Die meisten dieser Krankheitserreger schätzen keinen Sauerstoff. Deshalb nehmen die Patienten ein Präparat ein, das Sauerstoff freisetzt und zu heftigen Durchfällen führt. In der nächsten Phase werden die Verdauungssäfte mit Bitterstoffen angeregt. Gleichzeitig wird das Milieu im Darm mit Milchzucker stabilisiert. Milchzucker fördert die Ansiedelung von günstigen Darmbakterien wie Bifidus und Lactobacillus. In einer weiteren Phase nehmen die Patienten verdünnte Bakteriensuspensionen ein, welche die günstigen Darmbakterien Escheria coli und Lactobacillus enthalten. Die Konzentrationen in diesen Suspensionen sind aber so gering, daß sie nicht, wie früher angenommen, zu einer Aufforstung der Darmflora beitragen können.

Ausschlaggebend für den Erfolg der mikrobiologischen Therapie ist deshalb, langfristig ein günstiges Milieu im Darm zu erhalten, in dem sich keine krankheitserregenden Keime ansiedeln können. Dazu kann es notwendig sein, Mineralstoffe einzunehmen. Langfristige Erfolge werden durch eine Umstellung der Ernährung auf Vollwertkost erzielt.

Wissenschaftlicher Nachweis

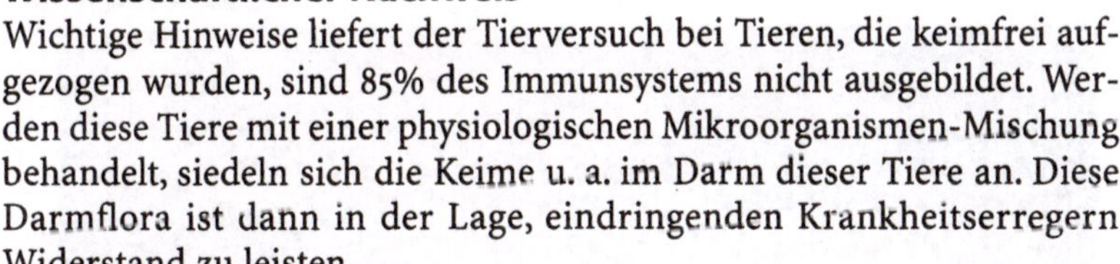

Wichtige Hinweise liefert der Tierversuch bei Tieren, die keimfrei aufgezogen wurden, sind 85% des Immunsystems nicht ausgebildet. Werden diese Tiere mit einer physiologischen Mikroorganismen-Mischung behandelt, siedeln sich die Keime u. a. im Darm dieser Tiere an. Diese Darmflora ist dann in der Lage, eindringenden Krankheitserregern Widerstand zu leisten.

Wie bei vielen alternativen Heilverfahren gibt es auch hier eine Reihe von Studien, welche die Wirksamkeit belegen und solche, bei denen die Therapie nicht überzeugen konnte.

Recht gut belegt ist die Wirkung einiger Präparate, die bei der mikrobiologischen Therapie verordnet werden. In einer placebokontrollierten Doppelblindstudie konnte ein Bakterienautolysat aus Streptococcus faecalis und Escherichia coli seine Wirksamkeit unter Beweis stellen.

Die Patienten litten vor der Behandlung unter einer geschwächten Immunabwehr, Nasenschleimhautentzündung, Verdauungsbeschwerden oder Reizdarm. Bei der Gruppe, die das Medikament erhielt, besserten sich die Symptome - eine Wirkung, die bei der Gruppe, die das Scheinmedikament erhielt, nicht eintrat.

Niveau der Ausbildung

Die mikrobiologische Therapie steht bei der Fortbildung zum Arzt für Naturheilverfahren auf dem Lehrplan. Ärzte, die diese Zusatzbezeichnung führen, haben insgesamt 160 Unterrichtsstunden absolviert und dabei auch Kenntnisse auf diesem Gebiet erworben. Andere Mediziner können an eintägigen Fortbildungsveranstaltungen teilnehmen.

Risiken und Gegenanzeigen

Bei sachgemäßer Anwendung sind die Risiken gering. Menschen, die unter Auszehrung oder an Magersucht leiden, wird von der Therapie abgeraten.

Kosten

Die Medikamente für eine 5monatige Behandlung kosten ca. 300 DM, eine Stuhluntersuchung kostet rund 80 DM. Bisher konnte die mikrobiologische Therapie über die Krankenkasse abgerechnet werden, wenn der behandelnde Arzt die Methode befürwortet.

TESTBEWERTUNG • MIKROBIOLOGISCHE THERAPIE

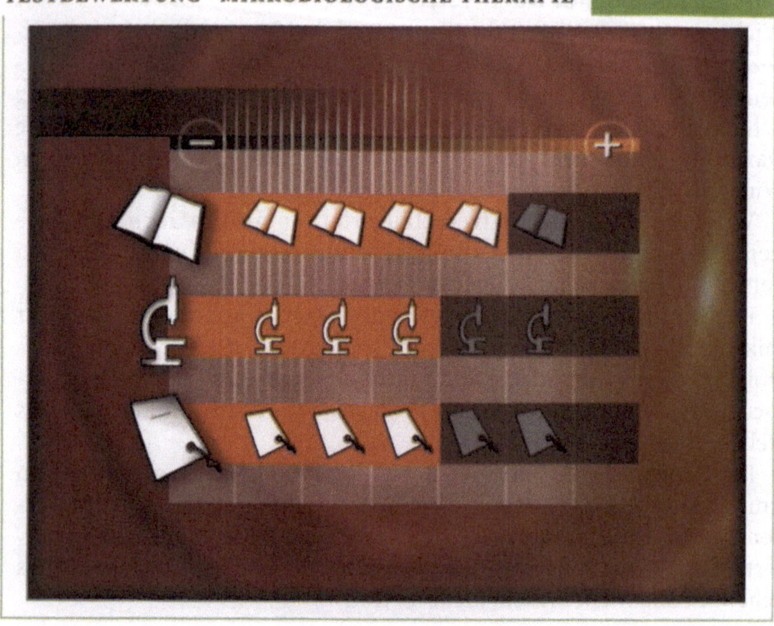

5.9 Strukturelle Osteopathie

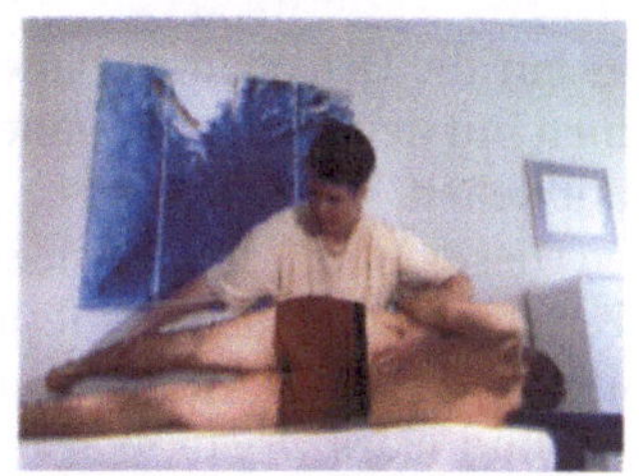

EINFÜHRUNG

Die Osteopathie ist ein Teilgebiet der sogenannten manuellen Medizin. Wie der Name schon vermuten läßt, werden bei dieser Therapieform Krankheiten und Funktionsstörungen nur mit Hilfe der Hände behandelt.
Wie bei vielen anderen Heilverfahren reicht die Geschichte der manuellen Medizin bis ins Altertum zurück. „Gliedersetzer" und „Ziehleute" arbeiteten in vielen verschiedenen Kulturen und stützten sich auf ein Wissen, wonach bestimmte Handgriffe an der Wirbelsäule Wirkungen auf den Körper haben können.
Ende des 19. Jahrhunderts gründete der amerikanische Knocheneinrichter Andrew Taylor Still die Schule der Osteopathie. Seine Idee fand in Amerika großen Zuspruch. In Deutschland gewann diese Therapieform erst in den letzten 40 Jahren an Bedeutung.

Anwendungsgebiete

Die Osteopathie wird häufig angewendet bei Fehlfunktionen der Wirbelsäule, Schmerzen und Fehlfunktionen der inneren Organe.

Methode

Leben ist Bewegung. An diesem Grundprinzip orientiert sich die Osteopathie. Vom ganzen Körper bis hinab in jede Zelle ist Beweglichkeit die Voraussetzung dafür, daß alle Vorgänge im Körper problemlos ablaufen können. Jede Einschränkung der Beweglichkeit führt – nach dieser Auffassung – früher oder später zur Krankheiten.

Für die Osteopathen bilden Knochen, Muskeln und Sehnen zusammen mit den inneren Organen ein dynamisches Netzwerk von eng verbundenen Teilen.

Dieses Netz wird durch sogenannte „Faszien" zusammengehalten. Faszien sind Hüllen aus festem Bindegewebe, die den ganzen Körper, aber auch seine Einzelteile umgeben, also jede Muskelfaser, jeden Muskel und jedes Organ. Würde man Muskeln, Knochen und Organe aus diesen Faszienhüllen entfernen, bliebe ein flexibles Skelett aus Bindehautgewebe übrig. Dieses flexible Skelett hat im gesunden Körper die Aufgabe, die einzelnen Teile in einer harmonischen Bewegung zusammenzuhalten.

Doch schon wenn ein Teil durch eine Verletzung oder Verspannung in seiner Beweglichkeit eingeschränkt ist, wird die Harmonie des ganzen Körpers gestört, Krankheiten drohen.

Ein Osteopath verschafft sich deshalb zunächst einen ersten Eindruck von der Krankheitsgeschichte und prüft dann Haltung und Beweglichkeit seiner Patienten. Sind bestimmte Muskelgruppe gespannt oder verspannt, kann der Therapeut daraus Rückschlüsse auf die Bewegungsblockaden im Körper ziehen und sie genauer lokalisieren.

Mit genau festgelegten Grifftechniken wird die Beweglichkeit wiederhergestellt. Die strukturelle Osteopathie konzentriert sich auf Muskeln, Knochen und Gelenke, die viszerale Osteopathie auf die inneren Organe. Die craniosacrale Therapie soll positiv auf Schädel und Wirbelsäule einwirken.

Der Osteopath betrachtet seinen Eingriff als Hilfe zur Harmonisierung der Bewegungsabläufe und damit zur Selbstheilung.

Wissenschaftlicher Nachweis

In der Anatomie ist schon lange bekannt, daß eine Schicht aus Bindehautgewebe (Faszien) den ganzen Körper, einzelne Organe, Muskeln und Muskelfasern einhüllt. Nicht belegt werden konnte bisher die osteopathische Vorstellung, daß diese Faszien ein eng verflochtenes Netz bilden, das alle Teile des Körpers miteinander verbindet. Ebenfalls nicht bewiesen ist die Idee, daß Bewegungsblockaden innerhalb des Fasziennetzes zu schweren Krankheiten führen.

Niveau der Ausbildung

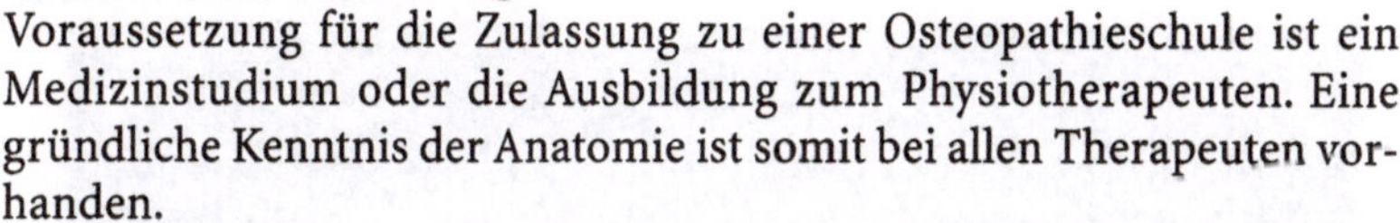

Voraussetzung für die Zulassung zu einer Osteopathieschule ist ein Medizinstudium oder die Ausbildung zum Physiotherapeuten. Eine gründliche Kenntnis der Anatomie ist somit bei allen Therapeuten vorhanden.

Die theoretische und praktische Ausbildung an einer Osteopathieschule dauert 5 Jahre und umfaßt 7 Wochenendkurse pro Jahr. Die Teilnehmer müssen eine Prüfung ablegen und eine wissenschaftliche Arbeit anfertigen. Erst dann erhalten sie ein international anerkanntes Diplom.

Risiken und Gegenanzeigen

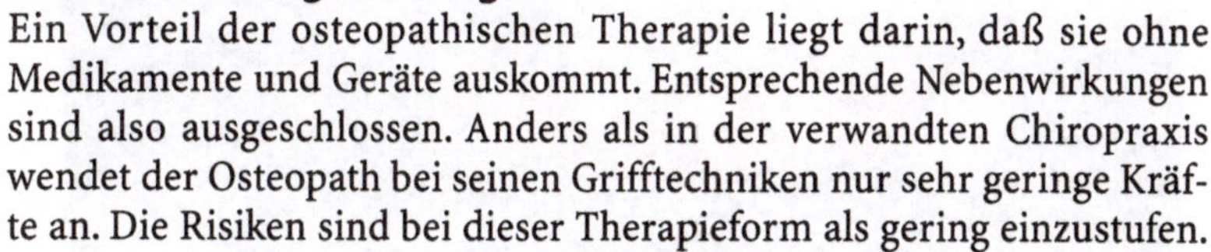

Ein Vorteil der osteopathischen Therapie liegt darin, daß sie ohne Medikamente und Geräte auskommt. Entsprechende Nebenwirkungen sind also ausgeschlossen. Anders als in der verwandten Chiropraxis wendet der Osteopath bei seinen Grifftechniken nur sehr geringe Kräfte an. Die Risiken sind bei dieser Therapieform als gering einzustufen.

Kosten

Eine halbstündige Behandlung kostet zwischen 60 und 80 DM. Die Kassen zahlen nicht.

TESTBEWERTUNG · STRUKTURELLE OSTEOPATHIE

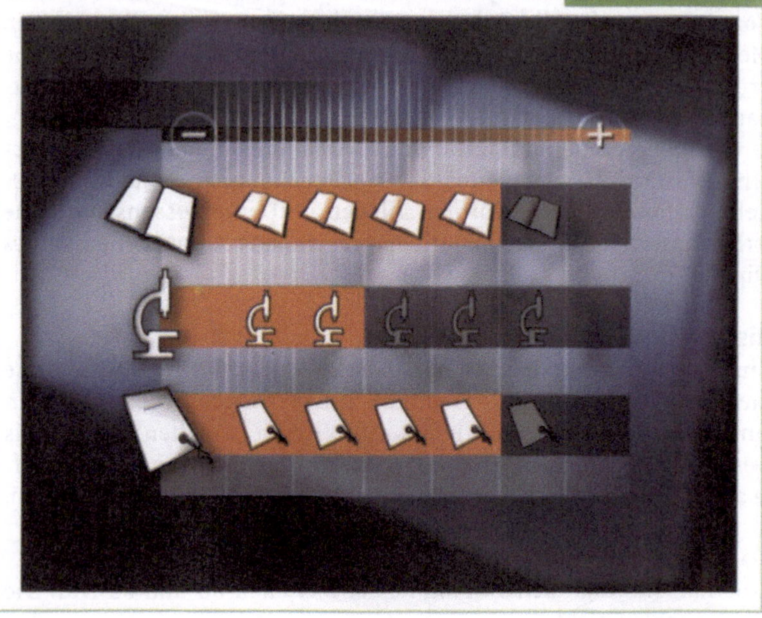

6 Anhang

6.1 Liste der beteiligten Autoren

Filmautoren
Harald Brenner
Karin Dölla-Höhnfeld
Oliver Kalisch
Ulrich Paulus
Dirk Pohlmann
Karin Willeck
Frank Wittig

Graphik
Hannes Kramer
Denise Wasserburger

Serienplanung
Frank Wittig

Redaktion Begleitbuch
Karin Willeck

Redaktionsleitung
Helmut Riedl

6.2 Mitglieder des Expertengremiums

Dr. med. Karl-Heinz Gebhardt

Motto: „So leben, als ob jeder Tag der letzte wäre."

Studium der Medizin in Halle/Saale. Promotion 1952. 1964 bis 1968 Oberarzt der I. Medizinischen Klinik in Karlsruhe. 1968 bis 1971 Leitender Arzt der Abteilung Tumorkranke und Geriatrie und der Inneren Abteilung im Krankenhaus Langensteinbach. Seit 1971 eigene Praxis in Karlsruhe als Arzt für innere Krankheiten. Bevorzugte Heilmethode: Homöopathie.
Funktionen, u. a.:
1. Vorsitzender des Deutschen Zentralvereins homöopathischer Ärzte. Vorsitzender der Ärztegesellschaft für Erfahrungsheilkunde (ehemals Hufeland-Gesellschaft).

Bahnhofplatz 8
76135 Karlsruhe
Tel: (07 21) 38 58 78
Fax: (07 21) 3 13 03

Dr. med. Christoph Kreck

Wahlspruch: „Alles wandelt sich, nichts bleibt wie es war, doch vieles kommt wieder."

Geboren am 24.08.1954. Studium der Medizin an der Universität Frankfurt. Berufliche Tätigkeiten im Bürgerhospital in Frankfurt, in der Klinik für Rheumatologie, Physikalische Medizin und Balneologie der Universität Gießen in Bad Nauheim. Facharzt für Innere Medizin, Schwerpunkt Rheumatologie. Zusatzausbildung für physikalische Therapie. Aktuelle Funktion: Leiter des Referats „Ambulante Medizin" beim Medizinischen Dienst der Krankenkassen (MDK), Hessen. Der MDK berät alle Krankenkassen zu grundsätzlichen Fragen der medizinischen Versorgung.
Arbeitsschwerpunkte: neue Versorgungskonzepte, Arzneimitteltherapie, neue und unkonventionelle Verfahren, Umweltmedizin und beson-

dere Therapierichtungen wie Homöopathie, Phytotherapie und Anthroposophie.

MDK Hessen
Gablonzer Str. 35
61440 Oberursel/Ts.
(06171) 634-317, Fax: -155

Professor Dr. med. Peter F. Matthiessen

Wahlspruch: „Nur was fruchtbar ist allein ist wahr" (Goethe)

Geboren am 25.05.1944. Medizinstudium in Marburg und in St. Louis, USA. Forschungs- und Lehrtätigkeiten am Anatomischen Institut in Marburg. Weiterbildung zum Facharzt für Neurologie und Psychiatrie in Herdecke und Dortmund. Seit 1983 Leitender Arzt am Gemeinschaftskrankenhaus Herdecke. 1986 bis 1996 Aufbau und Leitung der Forschungsprojekte „Unkonventionelle Methoden in der Krebsbekämpfung" und „Unkonventionelle medizinische Richtungen" an der Universität Witten/Herdecke im Auftrag des BMBF (ehemals BMFT).
Seit 1996 Professor und Leiter des Arbeitsbereichs Grundlagentheorie, Paradigmenforschung und Methodenentwicklung an der Universität Witten Herdecke.

Beckweg 4
58 313 Herdecke
Tel: (0 23 30) 62 30 27/33 20
Fax: (0 23 30) 62 39 95/33 58
E-mail: UniWH-ProjektUMR@t-online.de

Dr. med. Dieter Melchart

Motto: „Das Leben gestalten."

Geboren: 26.04.1954. Studium der Medizin in Bochum und München. 1983 bis 1991 medizinische Weiterbildung im Bereich Anästhesiologie,

Intensivmedizin, Schmerzmedizin. 1992 bis 1996 Leiter des Projekts zur Integration von Naturheilverfahren in Forschung und Lehre („Münchener Modell") an der Ludwig-Maximilians-Universität München und der TU München. Seit 1997 Leiter des Zentrums für naturheilkundliche Forschung an der II. Med. Klinik, der Technischen Universität, des Klinikums Rechts der Isar und der Ludwig-Maximilians-Universität in München
Funktionen, u. a.:
1. Vorsitzender des wissenschaftlichen Beirats der TCM-Klinik Kötzting
Mitglied der COST-Cooperation - „European Cooperation in the Field of Scientific and Technical Research"
Mitglied im Organisations-Komitee „Unkonventionelle medizinische Richtungen" im Programm der Bundesregierung „Gesundheitsforschung 2000"

Kaiserstraße 9,
80801 München
Tel: (0 89) 33 04 104-0
Fax: (0 89) 39 34 84

Dr. med. Antonius Pollmann

Lebensmotto: „Was man tut, sollte man von Herzen tun."

Geboren: 17.05.1950 in Steinheim/Westfalen. Studium der Medizin in Göttingen. 1981 Approbation als Arzt. 1984 Facharzt für Allgemeinmedizin. Zusatzausbildung für Naturheilverfahren. Betreibt mit Ehefrau Naschmil Pollmann (Fachärztin für Anästhesie) in Baden-Baden eine Privatpraxis, in der vorwiegend Schmerzpatienten und chronisch Kranke behandelt werden. Bevorzugte Methoden: Akupunktur, traditionelle chinesische Medizin, Elektroakupunktur nach Voll (EAV), Naturheilverfahren und Umweltmedizin.
Funktionen, u. a.:
1. Vorsitzender des Berufsverbandes Deutscher Akupunkturärzte
1. Vorsitzender des Zentralverbandes der Ärzte für Naturheilverfahren (ZÄN)

Leiter des Ausschusses: „Besondere Therapierichtungen" im Hartmannbund

Alfredstr. 21
72250 Baden-Baden
Tel: (0 72 21) 3 86 84/-83
Fax: (0 72 21)3 86 85 (Praxis)

Dr. med. Volker Schmiedel

Wahlspruch: „Naturheilkunde ist mehr als die Fortsetzung der Schulmedizin mit anderen Mitteln."

Geboren: 26.11.1958 in Eschwege. Studium der Medizin an der Philips-Universität Marburg. Promotion 1989. Weiterbildung zum Facharzt für Physikalische und Rehabilitative Medizin. Zusatzausbildung für Naturheilverfahren und Homöopathie. Berufliche Tätigkeiten u. a. beim Gesundheitsamt in Eschwege, in der Klinik Waldeck in Bad Wildungen und der Herz-Kreislauf-Klinik in Bad Berleburg. Seit 1996 Leitender Arzt der Inneren Abteilung der Habichtswald-Klinik in Kassel.
Mitherausgeber des „Praxisleitfaden Naturheilkunde". Publikationen zu den Themen Ernährungsmedizin, Sportmedizin, Erfahrungsheilkunde.

Zänkwisenanger 9
34225 Baunatal
Tel: Habichtswald-Klinik in Kassel: (05 61) 31 08 101/-102,
Fax: (05 61) 3 10 8 104

6.3 Wertung der Experten

Es ist nicht einfach, objektive Maßstäbe an alternative Heilverfahren anzulegen insbesondere, wenn sich diese Verfahren ausdrücklich auf Vorstellungen berufen, die außerhalb des naturwissenschaftlich-medizinischen Weltbildes liegen. Um dennoch eine Orientierung zu ermöglichen, hat die SONDE-Redaktion 4 Test-Kriterien gewählt, die regelmäßig auf die verschiedenen Heilmethoden angewandt werden.
Und so sieht der Bewertungsbogen aus:

Bitte vergeben Sie bei Ihren Wertungen 0 – 5 Punkte.
(Achtung: bei den ersten drei Kriterien steht eine hohe Punktzahl für hohe Qualität, beim vierten Kriterium bedeutet eine hohe Punktzahl ein hohes Risiko!!)

Wertung in der Disziplin „**Wissenschaft**"
Konnte die Wirksamkeit dieses Verfahrens/dieser Methode in wissenschaftlichen Studien nachgewiesen werden?

Punktzahl: ☐

Wertung in der Disziplin „**Definition der Methode**"
Gibt es ein nachvollziehbares/plausibles Wirkungsmodell? Ist das Therapiekonzept schlüssig? Ist das Verfahren lehrbar/lernbar?

Punktzahl: ☐

Wertung in der Disziplin: „**Qualitätssicherung/Dokumentation**"
Gibt es Vorschriften für Fort- und Weiterbildung? Wird der Behandlungsverlauf dokumentiert?

Punktzahl: ☐

Wertung in der Disziplin „**Risiko**"
Gibt es Nebenwirkungen und Risiken bei sachgemäßer Anwendung? (Bitte beurteilen Sie nur das Risiko der Methode an sich. Wir werden generell darauf hinweisen, daß allgemeinmedizinische Untersuchungen nicht versäumt werden sollten.)

Punktzahl: ☐

6.4 Hinweise für gesetzlich Versicherte

Seit ein Urteil des Bundessozialgerichts von 1997 den Handlungsspielraum der Kassen stark eingeschränkt hat, beteiligen sich die gesetzlichen Krankenkassen nur noch in sehr seltenen Fällen an den Kosten für die alternative Medizin.

Die gesetzlichen Krankenkassen sind durch dieses Urteil verpflichtet worden, sich an die NUB-Richtlinien (Neue Untersuchungs- und Behandlungsmethoden) zu halten. Diese Richtlinien legt der Bundesausschuß der Ärzte und Krankenkassen fest.

Wenn dieser Ausschuß zu dem Schluß gekommen ist, daß ein Heilverfahren für eine „ausreichende, zweckmäßige und wirtschaftliche Versorgung der Versicherten nicht erforderlich ist", dürfen die Kassen für diese Behandlung keinerlei Zuschüsse mehr bezahlen. Zur Zeit (Stand September 1998) hat sich der Ausschuß gegen 18 Verfahren aus dem Bereich der alternativen Heilmethoden ausgesprochen.

Von den Methoden, die in diesem Buch vorgestellt werden, gilt das für:

- Elektroakupunktur nach Voll
- Sauerstoff-Mehrschritt-Therapie nach Ardenne
- Magnetfeldtherapie ohne Verwendung implantierter Spulen
- Bioresonanzdiagnostik, Bioresonanztherapie
- Oxyontherapie (Behandlung mit ionisiertem Sauerstoff / Ozongemisch)

Über die vielen anderen alternativen Heilmethoden hat der Ausschuß noch nicht beraten oder noch nicht entschieden.

Patienten, die gesetzlich versichert sind, sollten also auf jeden Fall bei ihrer Krankenkasse einen Antrag auf Übernahme der Kosten stellen. Lehnt die Kasse den Antrag ab - wovon zunächst einmal auszugehen ist - hat der Versicherte die Möglichkeit, Widerspruch einzulegen. Wenn die Kasse den Antrag dann wieder ablehnt, erhält der Versicherte mit der Ablehnung einen sogenannten „widerspruchsfähigen Bescheid". Gegen diesen Bescheid kann er innerhalb eines Monats Klage beim Sozialgericht einreichen kann. Diese Klage ist kostenlos.

Nicht alle Vertreter der gesetzlichen Krankenkassen sind mit den zur Zeit gültigen Regelungen einverstanden. So ist es empfehlenswert, zunächst ein persönliches Gespräch mit dem zuständigen Sachbearbeiter der Krankenkasse zu führen. Der Konkurrenzdruck, der auf den

Kassen lastet, ist sehr viel größer geworden, seit es die Möglichkeit gibt, die Krankenkasse frei zu wählen. Dies könnte durchaus zu einem gewissen Maß an Wohlwollen bei der Prüfung Ihres Antrags führen.

6.5 Adressenliste

Akupunktur

Deutsche Akupunktur Gesellschaft Düsseldorf
Goltsteinstraße 26
40211 Düsseldorf
Tel: (02 11) 36 90 99
Fax: (02 11) 36 06 57
E-mail: 106657.3550@compuserve.com

Informationsstelle Akupunktur
Postfach 1332
85562 Grafing
Fax: (0 80 92) 3 19 07

Deutsche Ärztegesellschaft für Akupunktur e.V.
Würmtalstraße 54
81375 München

Anthroposophische Medizin

Gesellschaft Anthroposophischer Ärzte in Deutschland e.V.
Roggenstraße 82
70794 Filderstadt
Tel: (07 11)- 7 79 97 11
Fax: (07 11) 7 79 97 12
E-mail: Ges.Anth.Aerzte@t-online.de

Ausleitende Verfahren

Medizinische Universitätsklinik
Professor Dr. med. H. Heimpel
Robert-Koch-Straße 8
89081 Ulm
Tel: (07 31) 5 02 44 99
Fax: (07 31) 5 02 44 98
E-mail: hermann.heimpel@medizin.uni-ulm.de

Ayurveda
Deutsche Gesellschaft für Ayurveda
Sekretariat: Wildbadstraße 201
56841 Traben-Trarbach
Tel: (06541) 58 17
Fax: (06541) 705 120

Bach-Blütentherapie
Institut für Bach-Blütentherapie, Forschung und Lehre
Mechthild Scheffer
Postfach 20 25 51
20218 Hamburg
Tel: (0 40) 43 25 77 10
Fax: (0 40) 43 52 53
E-mail: www.bach-bluetentherapie.dc

Bioresonanztherapie
Internationale Ärztegesellschaft für
Biophysikalische Informationstherapie e.V.
Sandstraße 19
79104 Freiburg
Tel: (07 61) 5 33 80
Fax: (07 61) 5 75 22
www.members.aol.com/agbit

Colon-Hydrotherapie
Internationale Gesellschaft der Mayr-Ärzte
Golfstraße 2
A-9082 Maria Wörth-Dellach
Tel: 00 43-0-42 73/25 11-44
Fax: 00 43-0-42 73/25 11-51
E-mail: www.golfhotel.at

Eigenurintherapie

Institut für Harntherapie
Apothekerin Ingeborg Allmann
Laurenbühlstraße 26
88441 Mittelbiberach
Tel: (0 73 51) 7 54 00
Fax: (0 73 51) 18 09 14

Elektroakupunktur nach Voll

Intern. Med. Gesellschaft für Elektroakupunktur nach Voll e.V.
Im Brühl 20
66130 Saarbrücken
Tel: (0 68 93) 64 00
Fax: (0 68 93) 64 75
E-mail: www.eav.org

Fußreflexzonenmassage

Siehe „Wickel und Packungen"

Trennkost nach Hay

Internationale Gesellschaft für Hay´sche Trennkost
c/o Jürgen Brennecke
Tulpenweg 9
79336 Herbolzheim
Tel: (0 76 43) 42 77

Homöopathie

Deutscher Zentralverein Homöopathischer Ärzte
Bahnhofplatz 8
76135 Karlsruhe

Deutsche Gesellschaft für Klassische Homöopathie
Grundvigstraße 20
33330 Gütersloh

Kinesiologie
Deutsche Gesellschaft für Angewandte Kinesiologie e.V.
Dietenbacherstraße 22
79199 Kirchzarten

Mikrobiologische Therapie
Arbeitskreis für Mikrobiologische Therapie e.V.
Kornmarkt 2
35726 Herborn
Tel: (0 27 72) 93 11 26
Fax: (0 27 72) 93 11 48

Ozontherapie
Ärtzliche Gesellschaft für Ozon-Anwendungen
in Prävention und Therapie
Sekretariat Iffezheim
Nordring 8
76473 Iffezheim
Tel: (0 72 29) 30 46-17

Sauerstoff-Mehrschritt-Therapie
Ärztegesellschaft für Sauerstoff-Mehrschritt-Therapie
Harburger Ring 10
21073 Hamburg

Von-Ardenne-Zentrum für Sauerstoff-Mehrschritt-Therapie
Zeppelinstraße 8
01324 Dresden
Tel: (03 51) 2 63 74 40
Fax: (03 51) 2 63 74 45

Traditionelle chinesische Medizin
Siehe „Akupunktur“

Wickel und Packungen

Verband Physikalische Therapie
Vereinigung für die physiotherapeutischen Berufe (VPT) e.V.
Bundesgeschäftsstelle
Postfach 76 21 65
22069 Hamburg

Deutsche Gesellschaft für Physikalische Medizin und Rehabilitation e.V.
Institut für Balneologie und Med. Klimatologie
in der Medizinischen Hochschule Hannover
30623 Hannover
Tel: (05 11) 5 32-41 24
Fax: (05 11) 5 32-41 17

6.6 Websites zur Alternativen Medizin:

http://www.netzprojekte.de/heilpraktiker/
Dieser Informationsdienst für Patienten und Heilpraktiker in Baden-Württemberg enthält viel Wissenswertes über Heilmethoden, Ausbildungsmöglichkeiten und zahlreiche „Internet-Links".

http://www.naturheilkunde-aktuell.de
Auf dieser „Homepage" findet man zehn Seiten „Links" und Adressen zu allen deutschen Verbänden und Gesellschaften für Naturheilkunde und alternative Medizin. Was es hier nicht gibt, ist anderswo kaum zu finden.

http://members.aol.com/altamed/index.html
„Das Verzeichnis naturheilkundlicher www-Seiten." Auch von diesem Knotenpunkt aus läßt sich das Netz der alternativmedizinischen Websites hervorragend durchforsten. Hilfreich sind die vielen „Links" zu Nachschlagewerken.

http://galen.med.virginia.edu
„Dr. Browns Alternative and Complementary Medicine Hompage": Dahinter verbirgt sich eine der umfangreichsten Websites zum Thema im ganzen WWW. Von A wie Acupuncture bis Y wie Yoga werden über 70 Therapien vorgestellt. Allerdings werden nur Ansprechpartner in den USA genannt.

http://www.acon-ev.de
Die Acon ist die Heilpraktiker-Arbeitsgemeinschaft der Chiropraktiker, Osteopathen und Neuraltherapeuten. Hier kann man gezielt nach Therapeuten suchen.Gewöhnungsbedürftig ist allerdings die Oberfläche.

Kritische Betrachtungen:

http://www.vrzverlag.com/esoterik/wasistes.htm
Der Verleger Roland Ziegler setzt sich kritisch mit komplementären Therapie- und Diagnosesystemen auseinander. Er ist ein ernstzunehmender Diskussionspartner für alle, die wissen wollen, was Naturwis-

senschaften und Schulmedizin zu alternativen Heilverfahren zu sagen haben.

http://www.quackwatch.com/
„Your Guide to Health Fraud, Quackery, and Intelligent Decisions". Dr. med. Stephen Barrett und Gleichgesinnte wollen hier Scharlatanerie und Quacksalberei anprangern. Diese Website wurde mehrfach preisgekrönt, weil sie sich ausgesprochen kritisch mit alternativen Methoden auseinandersetzt. Hier gibt es neben informativen Essays auch Hinweise zu Fachpublikationen aus den Reihen der Naturwissenschaften und der Schulmedizin, die alternative Verfahren unter die Lupe genommen haben. Sobald die deutsche Ausgabe verfügbar ist, kann sie auch über diese Homepage angesteuert werden.

Zusätzliche Informationen:

http://www.branchendino.de/dino/owa/bb.aindex?lt=dino&le=h&pg=5
In diesem Dienst sind deutsche Heilpraktiker nach ihren Spezialgebieten und nach Postleitzahlen aufgelistet.

http://www.lrz-muenchen.de/%7EZentrumfuerNaturheilkunde/naturheilverfahren.html
„Münchner Modell: Projekt zur Integration von Naturheilverfahren in Forschung und Lehre." Das Projekt ist eine der ersten Adressen in Deutschland, wenn es um Forschung auf dem Gebiet der Naturheilverfahren geht. Die Seite bietet eine hervorragende „Auffahrt" ins www.-Netz der alternativen Medizin. Außerdem ermöglicht sie den Zugang zu einer Literaturdatenbank mit annähernd 5000 Titeln.

http://www.datadiwan.de
Der Datendiwan ist eine Vernetzung verschiedener Datensammlungen und bindet sie an weltweite Datennetze an, besonders an das Internet. Die Anfragen gehen an die „Patienteninformation für Naturheilkunde", deren Mitarbeiter Aufträge zur Recherche entgegennehmen und bearbeiten. In naher Zukunft bietet der Datendiwan ein Diskussionsforum zu vielen Bereichen der Grenzwissenschaften. Hier können sich Vertreter „etablierter" und „alternativer" Wissenschaften über Datennetze austauschen. Einzelne Diskussionen werden dann moderiert und dokumentiert und stehen damit allen Interessenten zur Verfügung.

http://www.medizin-forum.de/HyperNews/get/forums/alternativ.html
Diese Homepage ist ein Diskussionsforum zu alternativen Verfahren in der Medizin.

http://www.medivista.de
Diese komfortable Suchmaschine macht Recherchen zu allen medizinischen Themen möglich. Sie ist nicht auf die alternative Medizin beschränkt.

Springer und Umwelt

Als internationaler wissenschaftlicher Verlag sind wir uns unserer besonderen Verpflichtung der Umwelt gegenüber bewußt und beziehen umweltorientierte Grundsätze in Unternehmensentscheidungen mit ein. Von unseren Geschäftspartnern (Druckereien, Papierfabriken, Verpackungsherstellern usw.) verlangen wir, daß sie sowohl beim Herstellungsprozess selbst als auch beim Einsatz der zur Verwendung kommenden Materialien ökologische Gesichtspunkte berücksichtigen.
Das für dieses Buch verwendete Papier ist aus chlorfrei bzw. chlorarm hergestelltem Zellstoff gefertigt und im pH-Wert neutral.